Assessment Center

Klaus D. Leciejewski,

Christof Fertsch-Röver

In Zusammenarbeit mit Kirsten Griese

5. Auflage

Inhalt

Vorwort

Sie sind zu einem Assessment Center eingeladen worden? Gratulation! Denn damit befinden Sie sich bereits im engeren Kreis der Bewerber. Doch vielleicht haben Sie vor dieser Aufgabe ein mulmiges Gefühl. Was erwartet Sie dort überhaupt? Was müssen Sie wissen? Und worauf kommt es dann wirklich an? Vielleicht sind Sie mit Ihrer Bewerbung auch schon einmal an einem Assessment Center gescheitert – und jetzt überlegen Sie, was Sie beim nächsten Mal besser machen können.

Dieser TaschenGuide erklärt Ihnen, was ein Assessment Center ist, was dort abläuft und wie Sie die Vorteile dieses Auswahlverfahrens nutzen können. Sie erfahren, wie Sie sich gut vorbereiten und was Sie vorher schon üben können, wie die Tests und Übungen im Einzelnen aussehen und wie Ihr Verhalten bewertet wird. Checklisten und Beispiele aus der Praxis helfen Ihnen, mit einem sicheren Gefühl in diesen Wettbewerb zu gehen. Mit etwas Vorbereitung und einer Portion gesunden Menschenverstand können Sie dieser ersten Hürde in Ihrer Karriere gelassen entgegensehen!

Dr. Klaus Leciejewski, Christof Fertsch-Röver,
Kirsten Griese (Koordinatorin)

Worum es geht

Immer mehr Unternehmen führen Assessment Center durch, um die für sie am besten geeigneten Mitarbeiter zu finden. Diese aufwändige Form der Auswahl birgt besonders auch für Sie als Bewerber Vorteile, die es zu kennen und auszunützen gilt! In diesem Kapitel erfahren Sie:

- zu welchem Zweck Assessment Center durchgeführt werden (S. 6),
- welche Unternehmensbereiche und Fachrichtungen dafür in Frage kommen (S. 7/9),
- welche Vorteile das Auswahlverfahren hat (S. 10),
- welche Fähigkeiten getestet werden (S. 15),
- welche Testverfahren Sie erwarten (S. 23).

Warum wird ein Assessment Center veranstaltet?

Zeigen Sie Fähigkeiten und Kompetenzen

Bei einem traditionellen Bewerbungs- und Vorstellungsgespräch laufen Sie immer Gefahr, der schlechten Stimmung oder sogar der Willkür Ihres Gegenübers ausgesetzt zu sein. Ein Personalchef, der private oder berufliche Probleme hat, ist nicht in der Lage, objektiv über Ihre Qualitäten und Fähigkeiten zu urteilen – schon gar nicht im Verlauf eines einstündigen Gesprächs.

Auch die Unternehmen sind sich dieser Einschränkungen bewusst. Und da sie genauso wenig an einer Entscheidung, die sich im Nachhinein als Fehlentscheidung herausstellt, interessiert sind wie Sie als Bewerber, mussten neue Wege für die Suche nach geeigneten Mitarbeitern gefunden werden. Die Lösung dieser Probleme bietet ein Assessment Center.

Ein Assessment Center ist ein Auswahlverfahren, das in der Regel ein oder zwei Tage dauert. Es bietet Ihnen die Möglichkeit Ihre Kompetenz und Ihre Fähigkeiten darzustellen, und das auf vielfältige Weise. Sie können beispielsweise zeigen, ob Sie ein Kommunikationstalent oder ein besonders guter Organisierer sind, dass Sie besonders gut unter Druck arbeiten und wie Sie sich in Diskussionen durchsetzen können.

Ein Assessment Center gibt Ihnen die Möglichkeit, während mindestens eines Tages eine ganze Bandbreite von Fähigkeiten und Qualitäten unter Beweis zu stellen – eine optimale Grundlage, um für sich Werbung zu machen!

Beliebt bei großen Unternehmen

Die Urform des Assessment Centers ist schon in den zwanziger Jahren entwickelt worden, und zwar in Deutschland für die Auswahl von Offiziersanwärtern. In den USA haben die Unternehmen die Potenziale dieses Verfahrens erkannt und seit den fünfziger Jahren sind daraus viele verschiedene Formen entstanden, die sich über die ganze Welt verbreitet haben.

Der Begriff des „Assessment Center" kommt aus dem Amerikanischen. Das Verb „to assess" heißt auf Deutsch „abschätzen" oder „beurteilen". Das „center" ist der Mittelpunkt. Ein Assessment Center ist also ein „Beurteilungszentrum".

Nicht jedes Assessment Center zur Personalauswahl heißt auch so. Einige Unternehmen geben ihren Assessment Centern eigene Namen, zum Beispiel:

- Auswahlseminar
- Beurteilungsseminar
- Qualifikationsseminar
- Kennenlerntag
- Informations- und Auswahltag
- Recruiting Day

> Von den 100 größten Unternehmen setzen mehr als zwei Drittel das
> Assessment Center als Auswahlverfahren für Hochschulabsolventen ein.

Am häufigsten wird das Assessment Center für die Auswahl von Berufsanfängern eingesetzt, die gerade ein Hoch- oder Fachhochschulstudium beendet haben. Auf diese Art des Assessment Center ist dieser TaschenGuide ausgerichtet (Gruppen-Assessment-Center).

Nicht nur für die Personalauswahl

Darüber hinaus wird das Assessment Center noch in der Personalentwicklung eingesetzt, z. B. in den folgenden Fällen:

- Das Unternehmen möchte erfahren, welche seiner Führungskräfte sich für welche Aufgabenbereiche besonders eignen. In einem solchen Assessment Center werden sowohl Nachwuchskräfte als auch erfahrene Manager getestet.

- Ähnliche Fragestellungen tauchen auf, wenn ein Arbeitsplatz technisch neu gestaltet werden muss oder wenn in der gesamten Organisation des Unternehmens Veränderungen vorgenommen werden.

- In den meisten Unternehmen finanzieren die Geschäftsleitungen für die Mitarbeiter Trainings, um sie für die Lösung von Unternehmensaufgaben zu qualifizieren. Hier muss der Trainingsbedarf ermittelt werden, damit Geld nicht ziellos eingesetzt wird.

Das Bewerbungsverfahren für High Potentials?

Wenn Sie zu einem Assessment Center eingeladen werden, handelt es sich mit großer Wahrscheinlichkeit um ein Gruppen-Assessment-Center. Hier nehmen in der Regel acht bis zwölf Bewerber teil. Zumeist sind sie nicht älter als 30 Jahre. Sie kommen aus recht unterschiedlichen Fachrichtungen. Die häufigsten sind:

- Betriebswirtschaftslehre,
- Jura,
- Volkswirtschaftslehre,
- Sozialwissenschaften und
- technische Fachgebiete.

Seltener werden Gruppen-Assessment-Center für Lehramtsanwärter veranstaltet.

Zumeist haben es die Unternehmen auf die so genannten „High Potentials" abgesehen, also auf die Absolventen mit einem Prädikatsexamen, auf diejenigen mit einem Auslandsaufenthalt, vielen Praktika und interessanten Nebenaktivitäten. Es ist nachvollziehbar, dass jedes Unternehmen die Besten haben möchte. Das Assessment Center ist ein objektives Auswahlverfahren, bei dem die Abschlussnoten nicht viel zählen. Lassen Sie sich deshalb nicht beirren. Wenn Sie eine Einladung erhalten haben, dann haben Sie auch eine reelle Chance. Diese gilt es zu nutzen – unabhängig von Examensnoten!

Die Vorteile für Sie

Während der Vorbereitung auf ein Assessment Center schaffen Sie sich nicht nur dadurch Vorteile, dass Sie sich bereits vor dem eigentlichen Test mit den kommenden Verfahren und dem Ablauf vertraut gemacht haben. Sie sind außerdem gezwungen, sich intensiv mit Ihren beruflichen Präferenzen auseinander zu setzen.

Was Sie beachten sollten: In einem Assessment Center befinden Sie sich immer in einem Wettbewerb. Wenn es im Assessment Center darum geht, nur ein oder zwei Positionen zu besetzen, dann befinden Sie sich im Wettbewerb mit den anderen Teilnehmern. Wenn es aber um die Besetzung mehrerer Positionen geht, beispielsweise von Trainee-Stellen, dann befinden Sie sich nicht im Wettbewerb mit den anderen Teilnehmern, sondern müssen sich für verschiedene Positionsanforderungen qualifizieren.

> In jedem Fall schärft die Wettbewerbssituation des Assessment Center Ihren Blick für die Realität des Wirtschaftslebens.

Profitieren Sie von den Möglichkeiten

Im Unterschied zum klassischen Bewerbungsgespräch tritt Ihnen während eines Assessment Center der Beobachter nicht als Richter über Ihre Zukunft gegenüber. Zwar spielt sein persönlicher Eindruck eine wichtige Rolle. Aber die Entscheidung über Bestehen oder Nicht-Bestehen wird durch

Ihre objektiven Leistungen während des Verfahrens untermauert.

Aus jedem richtig durchgeführten Assessment Center gehen Sie mit neuen Erkenntnissen über Ihre eigene Person hinaus:

- Sie kennen Ihre Stärken und Schwächen besser als zuvor.

- Sie können Ihre Leistung in Bezug auf diejenigen anderer Bewerber besser einschätzen.

- Sie hatten die Chance, Ihre Leistungsfähigkeit nicht nur in einem Interview zu demonstrieren. Dies ist vor allem dann von Vorteil, wenn Sie sich sprachlich noch nicht so gut verkaufen können.

- Sie können ein neutrales – weil nicht von nur einer Person abhängiges – Feedback über Ihr aktuelles Leistungs- und Persönlichkeitsprofil erhalten.

- Sie haben den Druck eines Einzelausleseverfahrens innerhalb einer Gruppe am eigenen Leib gespürt.

- Sie haben das Unternehmen und den Umgang der Mitarbeiter besser kennen gelernt.

- Die Kriterien, auf die es ankam, wurden offen gelegt und die Entscheidung für oder gegen Sie ist für Sie leichter nachvollziehbar.

- Sie haben das Risiko einer falschen Positions- oder Unternehmenswahl verringert.

- Im Falle einer Absage sind Sie für das nächste Assessment Center bestens vorbereitet.

Allerdings müssen Sie dabei beachten, dass der Erkenntniswert eines Assessment Centers auch wesentlich von der Qualität der Auswertung und des Feedbacks abhängt. Wenn es exakt auf Ihre Resultate eingeht, dann verfügen Sie auch über fundierte Informationen zu Ihrer Leistung.

> Jede Teilnahme an einem Assessment Center vertieft Ihr Wissen, verbessert Ihre Fähigkeiten und bringt Ihre Persönlichkeit weiter.

Vorteile für das Unternehmen

Das im Vergleich zum Gespräch hohe Maß an Objektivität ist natürlich auch für die Unternehmen ein großer Pluspunkt. Die Trefferquote denjenigen unter den Bewerbern herauszufinden, der ihren Bedürfnissen am ehesten gerecht wird, wird erheblich vergrößert.

- Das Unternehmen kann die Bewerber im direkten Vergleich unter die Lupe nehmen.
- Das Auswahlverfahren kann an die speziellen Bedingungen einzelner Bereiche oder Funktionen im Unternehmen angepasst werden.
- Die Objektivität bei der Auswahl eines Bewerbers wird erhöht.

Erkennen Sie die Grenzen des Auswahl-verfahrens

Nachdem Sie nun die Vorteile eines Assessment Centers kennen, sollten Sie auch wissen, was es nicht leisten kann. Das Assessment Center liefert Ihnen wichtige Hinweise auf Ihr mögliches Verhalten in einer zukünftigen beruflichen Situation. Aber es kann dieses Verhalten nicht mit 100-prozentiger Gewissheit vorwegnehmen. Es wäre allerdings auch vermessen davon auszugehen, dass irgendein Auswahl-verfahren eine umfassende Antwort auf Ihre persönlichen Fähigkeiten und Eigenschaften geben könnte. Das Assess-ment Center liefert immerhin eine bessere Prognose über Ihren zukünftigen Berufserfolg als jedes andere Auswahlver-fahren.

Die komplexe Gesamtheit eines Menschen ist durch keinen Test erfassbar

Sie sind eine komplexe Persönlichkeit. Andere Menschen können von Ihnen immer nur Teilaspekte erfassen. Und auch das Umfeld, in dem Sie sich bewegen, ist sehr komplex. Des-halb werden auch Sie immer nur Teilbereiche davon erfassen können.

Das Assessment Center spiegelt dem Beobachter nur einige Teilaspekte Ihrer Persönlichkeit und Ihres Verhaltens wider. Im besten Fall, in einem guten Assessment Center, liefert das Ergebnis Hinweise auf die wesentlichen Teilaspekte Ihrer Persönlichkeit. Ein qualifizierter Beobachter wird diese Tatsache in seinem Urteil und vor allem in seinem Feedback an Sie berücksichtigen.

> Das Assessment Center liefert Hinweise auf Ihre Eigenschaften. Es berücksichtigt nicht Ihre Lernfähigkeit, aber es liefert Ihnen Anhaltspunkte bezüglich Ihrer Stärken und Schwächen.

Grenzen der Testverfahren

Intelligenz- und Leistungstests erfassen einzelne enge Teilbereiche Ihrer Person ziemlich genau. Sie sollten aber nicht zu sehr verallgemeinert werden. Bei Persönlichkeitstests verhält es sich meist umgekehrt: Sie erfassen ein breites Spektrum Ihrer Person, sind aber relativ ungenau, denn sie beruhen auf einer subjektiven Selbstauskunft. Deshalb werden sie zumeist nur in Kombination mit anderen Verfahren zur Eignungsdiagnose herangezogen.

> Das Assessment Center ist trotz einiger Fehlerquellen das aussagekräftigste Verfahren zur Personalauswahl.

Wie werden Ihre Fähigkeiten getestet?

Das möchte das Unternehmen über Sie erfahren

Das Unternehmen will bei den Teilnehmern drei Fähigkeiten ermitteln:

1 Über welche logischen Denkfähigkeiten oder welches Leistungsvermögen verfügt der Bewerber?

   Diese Frage soll durch verschiedene Tests ebenso beantwortet werden, wie durch die Postkorb-Übung (dazu mehr im Abschnitt „Die Übungen erfolgreich meistern", S. 59).

   Damit will das Unternehmen Ihre Grundvoraussetzungen herausfinden. Es geht um allgemeine Anlagen bei Ihnen.

2 Über welche berufsspezifische Fähigkeiten verfügt der Bewerber?

   Die erforderlichen Fähigkeiten legt das Unternehmens konkret durch die Anforderungsprofile fest (s. S. 17).

   Ermittelt werden sie dann durch verschiedene Übungen im Team oder zu zweit, aber auch durch eine Präsentation sowie im Interview. Auch der Lebenslauf wird zur Analyse hinzugezogen.

3 Über welche Persönlichkeitseigenschaften verfügt der Bewerber?

Diese Frage zielt auf ein breites Spektrum verschiedener sozialer Eigenschaften und Fähigkeiten, aber auch auf Verhaltensweisen. Häufig soll damit das persönliche Auftreten der Bewerber geprüft werden. Dadurch will der Beobachter herausfinden, ob der Kandidat zu seinem Team und auch zu ihm selber passt. Der individuelle Spielraum bei der Beantwortung dieser Frage kann also recht groß sein.

Die Antwort auf diese Frage wird ebenfalls durch verschiedene Übungen, aber auch durch das Interview im Rahmen des Assessment Centers oder durch Präsentationen gefunden. Nicht zu unterschätzen sind dabei jedoch die Erkenntnisse, die Beobachter durch den berühmten „Small Talk" gewinnen (siehe dazu das Kapitel „Überzeugend auftreten", S. 35).

Um während des Assessment Centers objektiv beurteilen zu können, ob die Kandidaten diese Befähigungen haben, erstellt das Unternehmen ein Anforderungsprofil und ermittelt die so genannten „Schlüsselqualifikationen". Dazu

- stellt es im ersten Schritt fest, welche Anforderungen mit der entsprechenden Position im Unternehmen verbunden sind,

- legt im zweiten Schritt die dafür wichtigen Schlüsselqualifikationen fest,

- um als Drittes die konkreten Verhaltensweisen aufzuschreiben, in denen sich die einzelnen Schlüsselqualifikationen widerspiegeln.

Erst damit können die gefragten Qualifikationen auch tatsächlich „gemessen" werden.

Anforderungsprofil – was das Unternehmen von Ihnen erwartet

Beispiel: Prädikatsexamen – trotzdem durchgefallen

Carsten hat gerade sein BWL-Studium mit einer Prädikatsnote bestanden. Er bewirbt sich bei einem bedeutenden Technologiekonzern um eine Traineestelle und muss dafür ein Assessment Center absolvieren. Die ersten Tests hat er glänzend bestanden. Seine Konzentrationsfähigkeit und sein logisches Denkvermögen haben die Beobachter hervorragend bewertet. Die Postkorb-Übung gelingt ihm jedoch schon nicht mehr so gut. In der Gruppendiskussion will er nun seine Fähigkeiten zur Teamführung unter Beweis stellen. Immer wieder versucht er sich an der Diskussion zu beteiligen und dabei die anderen Teilnehmer davon zu überzeugen doch eine andere Richtung einzuschlagen. Er will damit vor allem den Beobachtern zeigen, dass er die Zielstellung der Übung besser als die anderen Teilnehmer erfasst hat. Doch er versagt dabei kläglich!

Was ist passiert?
Carsten hat eine wichtige Voraussetzung des Assessment Centers nicht beachtet: Er hat sich nicht darum gekümmert, wie die einzelnen Übungen mit dem Unternehmensalltag verknüpft sind. Schon in seiner Vorbereitung hat er nicht die Kultur des Unternehmens beachtet. In der Gruppendiskussion war er dann zu dominierend.

Auf praktische Fähigkeiten kommt es an

In den Übungen werden Situationen nachgestellt, wie sie im Unternehmensalltag zu bewältigen sind. Um solche Übungen aufzubauen muss das Unternehmen erst einmal ermitteln, welche Anforderungen im Alltag entstehen. Dazu stellt sich das Unternehmen folgende Fragen:

- Welche Aufgaben muss unser Unternehmen heute und zukünftig bewältigen?

- Welchen Typ von Mitarbeiter wollen wir im Unternehmen haben?

- Was für Eigenschaften und welche Fähigkeiten muss ein Berufseinsteiger bei uns mitbringen?

- Welche Unterschiede gibt es bei den Anforderungen zwischen den einzelnen Abteilungen im Unternehmen?

- Welche Aufgaben muss ein Berufseinsteiger im ersten Jahr im Unternehmen bewältigen?

- Welche Karrieremöglichkeiten stehen ihm bei uns offen?

Die Beantwortung dieser Fragen führt zu Anforderungsprofilen für jede Position, die das Unternehmen mit Hochschulabsolventen besetzen will. Dieses Anforderungsprofil wird von der Personalabteilung des Unternehmens zusammen mit den Leitern der Bereiche und Abteilungen erstellt. Wenn ein Bewerber dann im Assessment Center beweist, dass er diesen Profilen entspricht, erhält er den ersehnten Anstellungsvertrag.

> Wenn das Unternehmen den geeignetsten Bewerber will, dann muss es dafür auch die passenden Maßstäbe anlegen. Es muss ein Profil für den idealen Manager entwickeln, der als Vorbild für die Bewertung der Teilnehmer dient.

Ein solches Anforderungsprofil orientiert sich also nicht an allgemeinen theoretischen Maßstäben, sondern an den praktischen Erfordernissen des Unternehmens. Richten Sie sich deshalb darauf ein, dass Sie Ihre praktischen Fähigkeiten unter Beweis stellen müssen! Denn alle Teilnehmer – auch Sie – sollen später ja einmal Führungskräftepositionen einnehmen. Sie müssen deshalb z. B. die Fähigkeit haben, Teams führen zu können. Denken Sie vor allem daran, dass es um fachübergreifende Kompetenzen geht.

Welche Schlüsselqualifikationen sind gefragt?

Diese Anforderungen oder Qualifikationen hängen zwar von der konkreten Situation des Unternehmens ab, aber für viele Berufe oder Positionen sind große Teile dieser Anforderungen identisch. Beispielsweise muss ein Verkäufer über gut ausgeprägte Kommunikationsfähigkeiten verfügen und ein Controller über ein hohes logisches Denkvermögen. Für derartige allgemeinen Eigenschaften werden in den Unternehmen unterschiedliche Bezeichnungen verwendet, z. B. „Kompetenzen", „Fähigkeiten", „Schlüsselqualifikationen", „Kriterien" bzw. „Dimensionen".

Häufig gefragte Schlüsselqualifikationen

Kompetenzen	Fähigkeiten	Kriterien bzw. Dimensionen
• fachliche Kompetenz	• logisch-analytische oder sprachliche Fähigkeiten	• systematisches Denken und Handeln
• soziale Kompetenz	• Teamfähigkeit	• Erfassung und Steuerung sozialer Prozesse
• methodische Kompetenz	• administrative Fähigkeiten	• intellektuelles Potenzial
• Persönlichkeits-kompetenz	• Konfliktfähigkeit	• konkretes Leistungs-verhalten
• Führungs-kompetenz	• Kommunikationsfähigkeit	• Stresstoleranz

> Bitte beachten Sie dabei unbedingt: Die Beobachter wollen in Ihrem Verhalten während der Übungen genau die in der Tabelle aufgelisteten Schlüsselqualifikationen erkennen.

In den einzelnen Übungen werden bestimmte Schlüsselqualifikationen schwerpunktmäßig gemessen. Es ist allerdings nicht so, dass jeder Übung nur eine einzige Schlüsselqualifikation zugewiesen wird, die in anderen Übungen dann nicht mehr wichtig wäre. Vergegenwärtigen Sie sich in jeder Übung, auf welche Schlüsselqualifikationen es ankommt.

Immerhin legen einige Unternehmen diese Anforderungskriterien vor Beginn des Assessment Centers auch offen, so dass Sie als Teilnehmer genau wissen, worum es gehen wird.

Beispiel

IBM Deutschland hat sich auf sechs solcher Kriterien festgelegt:

1. Auftreten
2. Sprachlicher Ausdruck
3. Durchsetzungsvermögen und Aktivität
4. Logisch-systematisches Entscheiden
5. Kommunikationsfähigkeit
6. Gruppenintegratives Verhalten

Welche Verhaltensweisen gehören dazu?

Damit ist das Ausmaß der Qualitäten, die im Assessment Center gemessen werden, aber noch nicht erschöpft. Das Assessment Center unterscheidet sich ja von den anderen Auswahlverfahren vor allem durch seine hohe Objektivität. Sie werden hier nicht einfach nur beobachtet. Die Beobachter messen, inwieweit Sie die oben angeführten Kompetenzen oder Fähigkeiten erfüllen. Dafür muss festgelegt werden, an welchen konkreten Verhaltensweisen sich diese Schlüsselqualifikationen erkennen lassen. In der Wissenschaft heißt dieser Vorgang „Operationalisierung". Lassen Sie sich aber durch diese Begriffsvielfalt nicht ablenken. Sehen Sie sich das folgende Beispiel an, dann erfassen Sie schnell, worum es geht und was für Sie dabei wichtig ist.

Beispiel: Was gehört zur „Kommunikationsfähigkeit"?

 In den meisten Assessment Centern ist die Kommunikationsfähigkeit eine wichtige Schlüsselqualifikation. Sie wird an folgenden Verhaltensweisen gemessen:

- aufmerksam zuhören können
- andere ausreden lassen
- auf Fragen eingehen
- sich verständlich ausdrücken
- lebhaft argumentieren können
- sich für Argumente begeistern können
- sich klar und strukturiert ausdrücken können

Die Beobachter können nur das messen, was Sie im Assessment Center auch zeigen. Zeigen Sie Verhaltensweisen, die gar nicht gefragt werden, schlägt dies bei den Beobachtern nicht positiv zu Buche. Verfügen Sie andererseits über Fähigkeiten, die im Assessment Center als Schlüsselqualifikation gefragt waren, zeigen diese aber nicht in Ihrem Verhalten, dann konnten Sie bei den Beobachtern ebenso wenig Punkte sammeln.

Die Tests durchschauen

Was die wichtigsten Testverfahren verfolgen

In der Regel sind die Tests eines Assessment Centers psychologische Tests. Sie werden nach einer wissenschaftlich festgelegten Methode entwickelt und so lange ausprobiert, bis sie zufriedenstellende Resultate zeigen. Es gibt zahlreiche derartige Tests in unendlichen Varianten. Dieser TaschenGuide stellt Ihnen einige vor, damit Sie sich einen Eindruck von der Machart und dem Ziel dieser Tests verschaffen können.

Für das Unternehmen ist das Ziel aller Testfragen und Übungen, eine Antwort auf die folgenden Fragen zu erhalten:

- Können Sie logisch denken?

- Sind Sie eher ein Einzelgänger oder ein Teamplayer?

- Können Sie andere Menschen von einer Sache überzeugen?

- Wie schnell können Sie komplizierte Zusammenhänge erfassen?

- Wie steht es um Ihre soziale Kompetenz?

- Können Sie die Richtung eines Teams bestimmen?

Um Antworten zu erhalten, bedient sich das Unternehmen unterschiedlicher Arten von Tests, deren Zielsetzung hier beschrieben wird. Beispiele für die einzelnen Tests und Übungen finden Sie im Kapitel „Die Übungen erfolreich meistern" (S. 59).

Psychologische Tests

Die Wissenschaft hat drei Merkmale für die Güte der psychologischen Tests entwickelt:

1 Subjektunabhängigkeit (Objektivität):
   Das Ergebnis des Tests bei einem Teilnehmer muss unabhängig von der Person des Untersuchers sein.

2 Zuverlässigkeit (Reliabilität):
   Wiederholt eine Person nach einer gewissen Zeit den Test, dann muss in engen Grenzen wieder das gleiche Ergebnis herauskommen.

3 Gültigkeit (Validität):
   Der Test muss genau die Eigenschaften oder Verhaltensweise messen, die er zu messen vorgibt.

> Mit einem psychologischen Test sollen bestimmte Merkmale von Personen erfasst oder gemessen werden.

Entscheidend für die Wirksamkeit eines Tests ist letztlich seine Validität. Denn es gilt ein Zusammenhang: Je höher die Validität ist, desto größer ist die Wahrscheinlichkeit, dass das Unternehmen die richtige Entscheidung fällt.

Wie treffsicher sind die verschiedenen Personalauswahlverfahren?

Auswahlverfahren	Validität
Bewerbungsunterlagen	0,14
Einstellungsinterview	0,14
Persönlichkeitstest	0,14
Biografischer Fragebogen	0,37
Zeugnisse/Schulnoten	0,43
Assessment Center	0,45

Der Validitätswert kann zwischen 0 und 1 schwanken.
0 bedeutet, dass es keine Treffsicherheit gibt, 1 bedeutet eine absolute Treffsicherheit – die aber in der Praxis nicht vorkommt.

Intelligenztests

Tests, um den berühmten IQ – den Intelligenzquotienten – zu prüfen, spielen für die Berufseignung kaum eine Rolle. Die gängigen Intelligenztests messen diejenigen Ihrer geistigen Fähigkeiten, die in Ihrem zukünftigen Arbeitsbereich besonders wichtig sind. Intelligenztests erfassen vor allem sprachliches und praktisch-rechnerisches Denken, Kombinations-, Abstraktions- und Vorstellungsvermögen sowie Merkfähigkeit. Zum Them gibt es einen eigenen TaschenGuide („IQ-Tests", Band 117).

Im Handel erhältliche Übungsbücher erlauben es Ihnen, sich mit der Situation eines Intelligenztests vertraut zu machen – sie bieten aber keine 100-prozentige Sicherheit!

Diese Fähigkeiten sollen getestet werden

Gestellte Aufgabe	Zu testende Fähigkeiten
Analogien entdecken	Kombinationsfähigkeit, Beziehungen zwischen sprachlichen Strukturen erkennen
Figuren selektieren	Vorstellungskraft, anschauliches Denken und Wahrnehmung, Gemeinsamkeiten herausfinden, kategorisieren, Abstraktionsfähigkeit
Wortauswahl	Sprachverständnis
Sätze ergänzen	Sinnverständnis
Zahlenreihen weiterführen	Gesetzmäßigkeiten erkennen, logisches Denken mit Zahlen
Merkaufgaben	Konzentrationsfähigkeit, Gedächtnis
Würfelaufgaben	räumliches Vorstellungsvermögen
Rechenaufgaben	rechnerische Fähigkeiten

Leistungstests

Im Kern wollen Leistungstests die allgemeinen Voraussetzungen Ihrer Leistungsfähigkeit prüfen. Vor allem sind dies

* Konzentrationsfähigkeit,
* Ausdauer und
* Belastbarkeit.

Sie sind ähnlich wie die Intelligenztests aufgebaut. Leistungstests können Sie jedoch weitaus besser als Intelligenztests trainieren.

> Für eine seriöse Durchführung und Auswertung psychologischer Leistungstests sind eignungsdiagnostische Kenntnisse erforderlich. Darüber verfügen zumeist nur ausgebildete Psychologen.

Persönlichkeitstests

Diese Tests sollen bestimmte Eigenschaften, Einstellungen oder Interessen ermitteln. Es geht also bei der Beantwortung der Fragen nicht um Exaktheit oder Geschwindigkeit. Gefragt ist Ihre Selbsteinschätzung über bestimmte Persönlichkeitsmerkmale. Das Unternehmen möchte beispielsweise wissen, wie Ihre Leistungsmotivation aussieht – verständlich, denn es will die motiviertesten Bewerber haben.

Aber auch besondere Eigenschaften für einzelne Berufsrichtungen sollen hier festgestellt werden. Wenn Sie beispielsweise im Verkauf arbeiten wollen, dann ermitteln diese Tests, wie kontaktfreudig Sie sind – eine wichtige Voraussetzung für diese Aufgabe.

Persönlichkeitstests sollen Auskunft über die Selbsteinschätzung eines Bewerbers geben. Sie sind unter Experten wegen ihrer Subjektivität sowohl des Fragenden als auch des Antwortenden umstritten.

Weitere Testverfahren

- Fähigkeits- und Begabungstests:

  Fingerfertigkeit oder Beherrschung der Rechtschreibung werden gemessen.

- Biografischer Fragebogen:

  Biografische Kriterien erfolgreicher Positionsinhaber werden mit den Biografien von Bewerbern verglichen.

- Projektive Testverfahren:

  Einstellung, Meinungen oder Grundhaltungen werden erfasst, indem die Bewerber Bilder interpretieren sollen.

Worauf es bei allen Tests ankommt

Speed und Power

Auf zwei Kriterien müssen Sie bei allen Testverfahren achten: Geschwindigkeit und Qualität (Speed und Power).

1 Ein Speed-Test verlangt bei der Lösung eine hohe Geschwindigkeit. In erster Linie wird die Menge der Lösungen gewertet. Deshalb ist die Lösungszeit eng begrenzt.

2 Ein Power-Test verlangt eine hohe Lösungsqualität. In erster Linie wird die Güte der Lösungen gewertet. Die Lösungszeit ist dabei großzügig bemessen.

Die meisten Testverfahren sind jedoch kombiniert zusammengesetzt, d. h. sowohl die Anzahl der Lösungen als auch deren Qualität werden gewertet.

Alltägliche Berufssituationen werden simuliert

Das Assessment Center unterscheidet sich von allen anderen Verfahren zunächst dadurch, dass in ihm sehr viele verschiedene Methoden kombiniert zur Anwendung kommen. Auch das Interview und verschiedene Tests können im Rahmen eines Assessment Centers eingesetzt werden – allerdings innerhalb eines neuen Systems. Diese Verfahren werden nicht mehr isoliert angewendet, sondern immer nur im Zusammenhang mit speziellen Übungen eingesetzt. Diese Übungen machen den eigentlichen Kern des Assessment Center aus.

Dafür kommen beispielsweise in Frage:

- Bearbeitung von Post in einem Postkorb nach Prioritäten,
- Teamsitzungen, bei denen eine Strategie gemeinsam festgelegt werden soll,
- Rollenspiel als Diskussion zur „Überzeugung eines Kunden",
- Auswertung eines Fallbeispiels zu einer Unternehmenssituation zusammen mit einer Präsentation.

Im Assessment Center steckt die Idee, Verhalten zu simulieren. Sie sollen in Situationen versetzt werden, die einer konkreten Arbeitsanforderung ähneln. Während einer solchen Übung können Sie wie in Zeitlupe beobachtet werden. Dabei werden Eigenschaften und Fähigkeiten der Person gemessen. Vor dem Assessment Center legt das Unternehmen fest, um welche Eigenschaften und Fähigkeiten es gehen soll (siehe Kapitel „Wie werden Ihre Fähigkeiten getestet?" S. 15). Entscheidend für das Assessment Center ist also: Die Eigenschaften und die Fähigkeiten einer Person werden nicht allgemein beurteilt, sondern immer bezogen auf ein bestimmtes Einsatzgebiet oder eine bestimmte Aufgabe im Unternehmen.

> Die Tests und Übungen des Assessment Centers sind charakteristisch für die zukünftigen Arbeitssituationen und Aufgabenfelder.

Fachübergreifende Kompetenzen im Visier

Dabei ist aber zu beachten, dass das Assessment Center nur in geringem Ausmaß auf spezielle fachliche Fähigkeiten abzielt. Bei Berufsanfängern sollen bereits die Zeugnisse ihre fachlichen Fähigkeiten sowie andere im Lebenslauf dokumentierte Erfahrungen belegen. In einem Assessment Center geht es vielmehr um die so genannten „fachübergreifenden" Fähigkeiten. Diese sind für den Berufserfolg ausschlaggebend. Dies sind beispielsweise

- soziale Kompetenz,
- vernetztes Denken,
- Kommunikations- und Kooperationsfähigkeit,
- verbales Ausdrucksvermögen,
- Teamfähigkeit.

Allerdings kann es schon vorkommen, dass einige Fähigkeiten gesondert gemessen werden. Darunter fallen etwa die Beherrschung der deutschen Sprache, das logische Denken oder die unternehmerische Kreativität.

Die optimale Vorbereitung

Mit fundierten Hintergrundinformationen und dem Wissen um die Absichten des Unternehmens können Sie dem Tag der Prüfung ruhig entgegensehen. Denn ein überzeugender Auftritt ist die halbe Miete! In diesem Kapitel erfahren Sie,

- wie Sie Informationen über das Unternehmen sammeln (S. 32),
- wie Sie überzeugend auftreten (S. 37),
- welches Verhalten von Ihnen erwartet wird (S. 40),
- was Sie im Vorfeld üben können (S. 43).

Informationen über das Unternehmen sammeln

Der Ausgangspunkt für Ihre Vorbereitung auf das Assessment Center ist die Beschäftigung mit dem Unternehmen, das Sie eingeladen hat. In jedem Assessment Center kommt es auf andere Zusammenhänge an – auch wenn es in der Struktur der Übungen viele Gemeinsamkeiten gibt. Beispiele für derartige Unterschiede verdeutlichen dies:

- Produkte oder Dienstleistungen des Unternehmens: Die Lufthansa verkauft anders als Bayer Leverkusen.

- Unternehmenskultur oder -philosophie: Die Deutsche Bank und die Kölner Kreissparkasse stellen sich völlig unterschiedlich dar.

- Aktuelle Bedingungen des Unternehmens: Siemens muss mit anderen gesellschaftlichen Rahmenbedingungen umgehen als die Deutsche Bahn.

Wo Sie welche Informationen finden

Besorgen Sie sich Materialien über das Unternehmen und die Branche sowie Informationen über den angestrebten Job und die Position im Unternehmen.

- Informieren Sie sich aktuell in der Tages-, Wochen- und Wirtschaftspresse.

- Schauen Sie vor allem auch im Internet nach! Da für alle größeren Firmen die Homepage heutzutage ein Muss ist, finden Sie dort viele hilfreiche Informationen über das Unternehmen, etwa seine Schwerpunkte, die Unternehmensstrukturen, die Firmenphilosophie usw. Auch die letzten aktuellen Pressemitteilungen des Unternehmens sind meist im Internet zu finden.

- Nutzen Sie Kontakte zu Freunden und Bekannten, die vielleicht schon einmal in diesem Unternehmen oder in dieser Branche ein Praktikum gemacht haben, dort tätig sind oder waren.

In fast jeder Branche gibt es auch einen Unternehmensverband wie z. B. den „Verband der deutschen Automobilindustrie". Diese Verbände informieren ebenfalls im Internet über die Branche.

Fragen für Ihre persönliche Vorbereitung

Zur Vorbereitung auf ein Assessment Center sollten Sie sich also die folgenden Fragen über Ihre Unternehmenskenntnisse stellen:

- Habe ich mich gründlich genug mit dem Unternehmen beschäftigt? Kenne ich die Geschäftsfelder und die Kernkompetenzen?
- Was weiß ich etwa über Standorte, Tochtergesellschaften und Beteiligungen?
- Was weiß ich über Fertigungsverfahren und Innovationen?
- Kenne ich das Leitbild bzw. die Firmenphilosophie?
- Habe ich mich über mein zukünftiges Aufgabengebiet informiert?
- Habe ich mir überlegt, welche Aufgaben in dem Unternehmensbereich, in den ich eintreten will, zu lösen sind?

Wenn Sie diese Fragen mit „ja" beantworten können, dann werden Sie im Verlauf des Assessment Centers auch die schriftlichen Anleitungen für die einzelnen Übungen schnell durchschauen.

> Bitte nehmen Sie die Beantwortung dieser Fragen nicht auf die leichte Schulter! Im Verlauf des Assessment Centers werden Sie erkennen, dass sich Ihr Aufwand gelohnt hat.

Mit einer optimalen Vorbereitung gehen Sie souverän ins Rennen!

Überzeugend auftreten

Beachten Sie das Umfeld

Zunächst einmal ist es wichtig, dass Sie die Tagesordnung bzw. den Ablaufplan schon einige Tage vorher erhalten. Das liefert Ihnen bereits einen Hinweis, wie seriös das Assessment Center durchgeführt wird und Sie können sich auf die Zeitgestaltung einstellen. Das Unternehmen wird Ihnen aber nur höchst selten die einzelnen Übungen schon vorher bekannt geben. Sie könnten sich sonst sehr zielgerichtet vorbereiten und damit das Ergebnis verfälschen.

Vom Beschnuppern bis zum Small Talk

Das Zusammentreffen mit den Teilnehmern am Abend vorher oder bei einem zweitägigen Assessment Center verleitet zu ausgedehnten nächtlichen Gesprächen. Gehen Sie lieber das Risiko ein, als Spielverderber zu gelten. Und versuchen Sie vor allem nicht, Ihre Trinkfestigkeit unter Beweis zu stellen. Die Anerkennung, die Sie von den anderen Teilnehmern erhalten, nützt Ihnen im Assessment Center überhaupt nichts. Gehen Sie ausgeruht in das Assessment Center!

Häufig stellt einer der Beobachter zu Beginn des Assessment Centers das Unternehmen kurz vor. Achten Sie darauf, ob er

- etwas zur Kultur des Unternehmen sagt,
- Hinweise zur Firmenphilosophie liefert,
- seine Arbeit charakterisiert oder
- sich selbst beschreibt.

In diesen Äußerungen stecken garantiert einige der Anforderungskriterien. Diese können Sie dann in den weiteren Übungen berücksichtigen.

Sicherlich haben Sie schon einmal den Begriff „Small Talk" gehört. Sie scheuen sich davor? Das kann nicht sein! Sie reden doch mit Ihren engsten Freunden auch über Sport oder Mode oder Politik oder über Ihre Hobbys! Nichts anderes ist der Small Talk. Er hat drei Aufgaben:

1 Er soll von einer vorangegangenen Anstrengung ablenken.

2 Er soll eine Überleitung zu einem Austausch über ein konkretes Thema sein.

3 Er bietet die Möglichkeit, die Mitbewerber kennen zu lernen, und kann dem persönlichen „Anwärmen" dienen.

Nutzen Sie den Small Talk zur Ablenkung. Zeigen Sie den Beobachtern damit Ihre Lockerheit. Aber hören Sie auch genau hin, was die Beobachter dabei äußern. Vielleicht verstehen Sie dann deren Ziele besser. Small Talk kann auch eine Gratwanderung sein!

Pausen nutzen

Während des Assessment Centers sind in der Regel umfangreiche Pausen eingeplant. Nutzen Sie diese Pausen auch tatsächlich zur Erholung.

> Gehen Sie in den Pausen intensiven fachlichen Diskussionen oder gar Streitgesprächen aus dem Weg!

Vermeiden Sie zusätzliche geistige Anstrengungen. Sie benötigen Ihre Konzentration in der nächsten Übung.

Oft stellen die Unternehmen ein gutes Buffet und leckeren Kuchen zur Verfügung. Lassen Sie sich nicht in Versuchung bringen. Ein voller Bauch diskutiert nicht gern.

Auf Zigaretten lieber verzichten

Die Raucher unter den Teilnehmern erhalten während des Assessment Centers auch Gelegenheit zu rauchen. Möglicherweise rauchen sogar einige der Beobachter in der Pause mit Ihnen eine Zigarette.

Greifen Sie aber in jeder Pause zur Zigarette, könnte dies negativ auffallen. An den meisten Arbeitsplätzen ist inzwischen das Rauchen verboten oder es wird wenigstens nicht gern gesehen. Wenn Sie starker Raucher sind, müssen Sie auch mehr Pausen machen. Das akzeptiert inzwischen aus gutem Grund kein Arbeitgeber mehr. Außerdem werden derartige Suchtgewohnheiten von vielen Beobachtern als generelle Persönlichkeitsschwäche ausgelegt. Ihre Chancen sind schon vor dem Assessment Center geringer als die der anderen Teilnehmer.

Auch wenn es Ihnen schwer fällt – sparen Sie sich die Glimmstängel für die Heimreise auf.

Ein paar Tipps zum Verhalten

Die Körpersprache

Es gibt Theorien, nach denen alles, was man denkt, aber eigentlich nicht sagen möchte, durch die Sprache des Körpers ausgedrückt wird. Bücher zu diesem Thema verkaufen sich prächtig. Viele Menschen möchten erfahren, was sie durch ihre Körperhaltung indirekt ausdrücken und wie sie die Absichten ihrer Gesprächspartner besser durchschauen können.

Sicherlich sendet der Körper auch nonverbale Signale aus, doch ist die „Körpersprache" zu einem Modethema geworden. Oft wird übertrieben und nicht selten Unfug als wissenschaftliche Erkenntnis ausgegeben.

Hier einige Verhaltensweisen, auf die Sie trotz allem achten sollten – es sind die Fehler, die häufig während eines Assessment Centers gemacht werden:

- Keinen Blickkontakt mit den Beobachtern bzw. in der Diskussion mit den Teilnehmern halten: Das könnten die Beobachter als Unsicherheit deuten. In jedem Fall wirkt es aber unhöflich.

- Hände ständig vor dem Mund halten: Dies sieht so aus, als hätten Sie etwas zu verbergen. Außerdem wirkt es nicht besonders souverän.

- Sich nach einiger Zeit in den Stuhl „fläzen" oder mit dem Oberkörper halb auf den Tisch legen: Das sieht primitiv aus und zeugt nicht von guten Manieren. Sie haben sich nicht unter Kontrolle.

- Permanent die Hände hin- und herbewegen: Ihr Körper signalisiert eine innere Unruhe und das wird dem Beobachter bald auf die Nerven gehen.

Kleidung

Ähnlich wie bei der Körperhaltung wird unendlich viel über die Kleidungsregeln geschrieben. Auch hier sind jedoch nur sehr wenige Hinweise sinnvoll:

- Nicht übertrieben modisch kleiden.
- Zu leger sollte es auch nicht sein, ein Anzug oder ein Kostüm sind immer noch angebracht.
- Auf jeden Fall wichtig: gepflegte Kleidung.

Am besten ist es, Sie finden vorher heraus, was in diesem Unternehmen üblich ist und wie sich die Mitarbeiter bei Kundenkontakten kleiden.

Wie sieht es mit Ihrem inneren Gleichgewicht aus?

Vielleicht werden Sie die Frage als eigenartig empfinden, denn dieser TaschenGuide ist kein psychologischer Ratgeber. Doch haben Sie sich schon einmal gefragt: Was wird an diesem Tag von mir erwartet?

Diese Frage zielt auf Ihre innere Vorbereitung! Sie benötigen Optimismus für ein Assessment Center. Diesen Optimismus können Sie durch eine gute Vorbereitung festigen.

Sie haben einen guten Hochschulabschluss abgelegt. Zudem haben Sie in einigen Praktika Erfahrung im Berufsleben gesammelt – schließlich wurden Sie ja eingeladen! Auch die

Vorbereitung auf das Assessment Center war optimal. Und dann ist das Unternehmen, in dem Sie Ihr erstes Assessment Center absolvieren sollen, auch noch Ihr Wunschunternehmen. Was also soll schon passieren? Schließlich wird in vielen Ratgebern eine größtmögliche innere Siegesgewissheit als einziges Erfolgsrezept empfohlen.

Tatsächlich kommen so manche Bewerber mit dieser Einstellung auch durch. Aber weitaus mehr scheitern damit!

> In Spanien gibt es eine alte Weisheit: Bevor man in die Arena hineinreitet, sollte man wissen, wie man wieder hinausreiten kann.

Überraschungen nicht ausgeschlossen!

In jedem Assessment Center werden Überraschungen auftreten, die Sie nicht voraussehen können und die Sie deshalb auch nicht üben können. Sie haben beispielsweise keinen Einfluss auf die Zusammensetzung der Teilnehmer und der Beobachter. Irgendetwas kann immer einmal schief gehen. Deshalb müssen Sie nicht unbedingt durch das Assessment Center fallen. Sie sollten sich innerlich einfach auf eine unerwartete Schwierigkeit vorbereiten. Sie sollten bereit sein vor einem Problem nicht gleich in die Knie zu gehen, sondern zu kämpfen. Sie sollten selbstbewusst sein, aber nicht arrogant, sondern gelassen und ruhig. Dann werden Sie vor einer Schwierigkeit auch nicht verzweifeln.

Was Sie trainieren können

Jedes Assessment Center ist anders

Offen gesagt, können Sie recht wenig vorher trainieren. Misstrauen Sie all jenen, die Sie davon überzeugen wollen, durch Training jedes Assessment Center zu bestehen. Sie können sich gründlich auf das Assessment Center vorbereiten, aber trainieren im eigentlichen Sinne können Sie die Übungen kaum.

Doch das ist kein Grund, die Hände in den Schoß zu legen!

Zuerst können Sie die Vorstellung Ihrer Person vorbereiten. Dazu lesen Sie den Abschnitt „Ihre Vorstellung – der erste wichtige Test" im Kapitel „Die Übungen erfolgreich meistern" genau durch (S. 60). Schreiben Sie zuerst einmal in Stichworten auf, wie Sie sich selbst sehen. Dann überlegen Sie, was Sie davon anderen Menschen, die Sie in wenigen Minuten kennen lernen sollen, erzählen würden. Zuletzt probieren Sie diese Vorstellung an Freunden aus. Aber diese Freunde oder Bekannten müssen objektiv sein. Nur dann können Sie an Ihrer Vorstellung auch Veränderungen vornehmen.

> Vermeiden Sie jede Effekthascherei. Reden Sie nicht zu viel über Ihre Hobbys und Ihre Familie. Der Beobachter soll aus Ihrer bisherigen Orientierung in der Ausbildung folgerichtig Ihre Wahl des Berufs und des Unternehmens ableiten können.

Das können Sie vorher üben

Für die Tests gibt es auf dem Markt jede Menge so genannter Testknacker. Sie können sie dazu nutzen Aufgaben kennen zu lernen, die eventuell auf Sie zukommen werden. Bedenken Sie dabei jedoch, dass Sie Tests nicht konkret üben können, denn die Wahrscheinlichkeit ist gering, dass gerade der Test im Assessment Center vorkommt, den Sie geübt haben.

- Was Sie vorher am besten üben können, ist die Postkorb-Übung (mehr darüber finden Sie im Abschnitt „Gut abschneiden bei der Postkorb-Übung" im Kapitel „Die Übungen erfolgreich meistern" S. 66) – und wenn Sie sie nur an Ihrem Schreibtisch im Rahmen Ihrer eigenen Selbstorganisation anwenden. Zusätzlich sollten Sie Studienfreunde danach fragen, die mit dieser Übung schon Erfahrung gemacht haben.

- Auch auf eine Präsentation können Sie sich ganz gut vorbereiten. Vor allem die Studenten der Betriebswirtschaft kommen mit großer Wahrscheinlichkeit während des Studiums mit Fallstudien zusammen. Oft wird kurz ein Unternehmen vorgestellt, das ein Problem in seiner Strategie oder seinem Marktauftritt zu lösen hat. Im Internet finden Sie dafür unter den Links zahlreicher Managementschulen gute Beispiele. Auch einige Bücher mit Fallbeispielen sind schon erschienen (siehe Anhang S. 119). Im Kapitel „Die Übungen erfolgreich meistern" finden Sie hierzu ein Beispiel aus der Praxis (S. 102).

- Erfolgreiche Gruppendiskussionen, Rollenspiele und Interviews sind nur sehr eingeschränkt vorher trainierbar. Die beste Vorbereitung darauf ist innere Gelassenheit und das Wissen um die Ziele des Unternehmens bzw. des Assessment Centers.

Checkliste: Die optimale Vorbereitung ✓

- Haben Sie Unterlagen und Informationen über das Unternehmen oder über die Branche gesammelt?

- Haben Sie sich die Homepage des Unternehmens angesehen?

- Haben Sie Auskünfte über die Ziele des Assessment Centers erhalten oder eingeholt?

- Liegen Ihnen der Ablauf- und der Zeitplan vor?

- Ist die Übernahme der Reise- und Unterbringungskosten geklärt?

- Haben Sie den Reiseplan einschließlich der Reiseroute erstellt, gegebenenfalls auch Fahrkarten oder Ähnliches schon besorgt – und auch die Möglichkeit von Staus eingeplant?

- Haben Sie sich schon entschieden, welche Kleidung Sie tragen werden?

- Haben Sie Fakten für Ihre persönliche Vorstellung aufgeschrieben und Ihre Kurzvorstellung vor einem

- Freund und auch vor dem Spiegel ausprobiert?

Checkliste: Die optimale Vorbereitung	
▪ Konnten Sie bereits einige Tests oder Übungen nachlesen und auch einige Test einmal selbst durchführen?	
▪ Haben Sie mit einem Freund ein Überzeugungsgespräch geübt?	
▪ Haben Sie die innere Balance, um selbstbewusst in das Assessment Center zu gehen, aber auch für den Fall einer Ablehnung?	

Was Sie im Assessment Center erwartet

Außer Ihnen und Ihren Mitbewerbern nimmt noch eine ganze Reihe von Menschen an einem Assessment Center teil. Was ihre Aufgaben sind und wie Sie ihnen am besten begegnen, erfahren Sie in diesem Kapitel. Lesen Sie,

- wie das Assessment Center abläuft (S. 47),
- wer am Assessment Center teilnimmt und worauf es den Teilnehmern ankommt (S. 49).

Welche Zielsetzungen werden verfolgt?

Bei den bekannten Unternehmen Deutschlands bewerben sich jedes Jahr Tausende von Hochschulabsolventen. Jedes Unternehmen will mit dem Assessment Center herausfinden, welche der Bewerber am besten zu ihm passen. Es will die Kandidaten haben, die für die anstehenden Aufgaben möglichst perfekt geeignet sind. Dafür zahlt es ein hohes Eingangsgehalt und bietet gute Karrierechancen.

Erfüllen Sie die Anforderungen für den Beruf und für die Stelle?

Zumeist geht es in einem Assessment Center für Berufsanfänger nicht darum, die drei oder vier besten Teilnehmer herauszufinden. Es gibt zwar Assessment Center, mit deren Hilfe das Unternehmen tatsächlich die Besten herausfinden will, beispielsweise die besten Nachwuchskräfte. Für unser Gruppen-Assessment-Center spielt dieses Ziel jedoch keine Rolle.

Vor allem zwei Grundvoraussetzungen möchte das Unternehmen während eines Assessment Centers testen:

1 Ihre individuelle Leistungsfähigkeit: Die Grundvoraussetzung für jeden Beruf ist eine besondere Leistungsfähigkeit. Deshalb werden im Assessment Center für jeden Beruf spezifische Anforderungen simuliert.

2 Ihr Teamverhalten: Im Unternehmen wird immer innerhalb eines Teams gearbeitet. Deshalb muss das Unternehmen im Assessment Center auch Ihre Teamfähigkeit herausfinden.

> Im Assessment Center werden in der Regel nicht die Besten, sondern die am besten Geeigneten gesucht.

Übrigens: Ganz selten bestehen alle Teilnehmer das Assessment Center. Genauso selten passiert es, dass alle Teilnehmer das Assessment Center nicht bestehen.

Der Ablauf

Assessment Center laufen nach einem fast immer gleichen Schema ab. Es gibt Assessment Center, die über einen, aber auch welche, die sich über zwei Tage erstrecken.

Der Tagesplan auf der nächsten Seite ist ein typisches Beispiel für ein eintägiges Assessment Center.

Für ausreichende Pausen sowie das leibliche Wohl ist in der Regel gesorgt. Falls Sie einen weiten Anfahrtsweg haben, wird das Unternehmen für Sie ein Hotelzimmer buchen. Die Kosten hierfür trägt das Unternehmen ebenso wie diejenigen für die Anreise und Verköstigung.

Tagesplan 1–tägiges Assessment Center

Tagesordnung

Assessment Center am ....

in ....

Anreise am Abend vorher bis 20.00 Uhr oder
am Morgen bis 7.30 Uhr

8.00 – 8.20 Uhr	Vorstellung des Assessment Centers, der Beobachter, Fragen zum Ablauf
8.20 – 9.00 Uhr	Vorstellungsrunde der Teilnehmer
9.00 – 10.15 Uhr	Verteilung und Lösen der Testaufgaben
10.15 – 10.45 Uhr	Uhr Kaffeepause
10.45 – 11.30 Uhr	Einteilung in zwei Gruppen und führerlose Gruppendiskussion
11.30 – 12.30 Uhr	Postkorb-Übung
12.30 – 13.30 Uhr	Mittagessen
13.30 – 15.00 Uhr	Überzeugungsgespräch mit jeweils zwei Teilnehmern
15.00 – 15.15 Uhr	Kaffeepause
15.15 – 16.15 Uhr	Einzelinterviews
16.15 – 17.30 Uhr	Auswertung

Vor gut organisierten Assessment Center erhalten Sie vom Veranstalter die folgenden Unterlagen:

- Informationen über das Unternehmen,
- eine Tagesordnung für den Ablauf des Assessment Centers,
- organisatorische Hinweise zum Assessment Center,
- Reisekostenregelung,
- Anfahrtsskizzen.

> Bei einem gut organisierten Assessment Center wird von der Unternehmensinformation bis zur Übernachtung alles für Sie vom Unternehmen geplant.

Die Teilnehmer

An einem Assessment Center nehmen viele Personen teil, mit denen Sie auf den unterschiedlichsten Ebenen zusammentreffen:

- Während der einzelnen Übungen arbeiten Sie mit anderen Teilnehmern zusammen.
- Sie registrieren die Aufmerksamkeit der Beobachter.
- Sie erhalten Hinweise vom Moderator.
- In der Pause sprechen Sie mit dem Personalverantwortlichen und Führungskräften aus verschiedenen Bereichen des Unternehmens.
- Sie haben Fragen an das Servicepersonal. Dazu gehören der Empfang, die Servicekräfte, technische Assistenten und gegebenenfalls Mitarbeiter unternehmenseigener Bil-

dungszentren. Das Servicepersonal ist der Ansprechpartner rund um das Assessment Center. Zwar haben diese Mitarbeiter keinen Einfluss auf die Bewertung Ihrer Leistung, aber desto größer ist ihr Einfluss auf Ihr Wohlbefinden. Eine perfekte und reibungslose Organisation ist auch ein Kennzeichen für die Qualität des Unternehmens!

> Bitte bedenken Sie immer: Nicht nur die Teilnehmer bewerben sich um einen Job bei dem Unternehmen. Auch das Unternehmen bewirbt sich um Mitarbeiter.

Zunächst werden Sie höchstwahrscheinlich mit den anderen Teilnehmern zusammentreffen. Wenn ein Assessment Center zwei Tage dauert, werden Sie Ihre Mitstreiter auch am Feierabend sehen. Erfahrungen aus den Hochschulen, Hobbys und berufliche Ziele werden ausgetauscht. Während eines eintägigen Assessment Centers sind die Möglichkeiten zum persönlichen Austausch zwar gering. Doch in den Pausen wird sich die Gelegenheit ergeben, die anderen Teilnehmer ein wenig zu beschnuppern.

> Denken Sie immer daran: Ein Assessment Center ist ein Ausleseverfahren und keine Teamveranstaltung, es geht um Ihre berufliche Zukunft.

Welche Rolle spielen die Beobachter?

Je mehr Sie über die Rolle der anwesenden Personen wissen, je mehr Einblicke Sie in deren Aufgaben innerhalb des Assessment Center haben, desto gelassener können Sie auf sie zugehen.

Zu den Beobachtern gehören:

- der Moderator, oft ein Mitarbeiter der Personalabteilung,
- Führungskräfte aus verschiedenen Fachbereichen, oft Ihre zukünftigen Vorgesetzten,
- externe Personalberater, die dieses Assessment Center oft für das Unternehmen konzipiert haben.

Die Beobachterrolle ist anstrengend. Der Beobachter muss während des gesamten Assessment Centers unterschiedliche Teilnehmer im Blick behalten und sich dabei auf jeden gleichermaßen konzentrieren. Er muss sich neutral verhalten und individuelle Vorlieben unterdrücken. Er muss immer das Ziel des Assessment Centers im Auge behalten.

Die wichtigste Aufgabe eines Beobachters besteht also darin, möglichst neutrale Ergebnisse zu erhalten. Deshalb konzentriert sich ein Beobachter während einer Übung häufig nur auf zwei oder drei Personen. Bei der nächsten Übung wechseln dann die Beobachter. So sollen einseitige Bewertungen vermieden werden.

Darauf sollten Sie achten

Das Entscheidende für Sie in einem Assessment Center ist nicht der Ablauf und es sind auch nicht die einzelnen Übungen: Das Entscheidende sind immer die Beobachter!

Wichtig ist aber: Sie müssen wissen, worauf es den Beobachtern ankommt und wie die Bewertung zustande kommt. Auf beides können Sie sich vorbereiten. Lesen Sie dazu den Abschnitt im letzten Kapitel „So werden Sie bewertet" (S. 109).

Fehleinschätzungen sind möglich!

Die Ursache für die meisten Fehleinschätzungen sind ganz und gar menschlicher Natur. Einige sind hier zusammengestellt:

- Hängen am ersten Eindruck: Der erste Eindruck bleibt im Gedächtnis haften und beeinflusst unzutreffend das Gesamturteil.

- Halo-Effekt: Einzelne herausragende Fähigkeiten werden überschätzt.

- Mitte-Tendenz: Neigung, die Bewertungen zum Durchschnitt zu nivellieren.

- Schubladendenken: Die Teilnehmer werden nach vorhandenen Stereotypen eingeordnet.

- Projektionsfehlschluss: Eigene Eigenschaften werden in Relation zum Teilnehmer gesehen.

Sympathie gewinnen ist wichtig

Hierbei kann Ihnen dieser TaschenGuide zwar nicht helfen. Und nur mit Sympathie können Sie das Assessment Center natürlich nicht bestehen. Wenn Sie in den Tests schlechte Resultate erzielen oder sich während der Übungen allzu sehr zurückhalten, haben Sie keine Chance, auch wenn Sie sich am Abend beim Bier mit einigen der Beobachter gut verstanden haben.

Wenn Sie aber in den Tests gute Resultate erzielt haben, während des ganzen Assessment Centers ansonsten jedoch äußerst kontaktarm geblieben sind, den „supercoolen Typ" gemimt oder sich als High Potential aufgespielt haben, der das Arbeitsangebot sowieso schon in der Tasche hat, dann werden Sie die Beobachter sicher auch nicht für sich gewinnen.

Wie Sie die Beobachter von sich überzeugen

> Denken Sie daran: Ob Sie etwas sagen oder ob Sie gar nichts sagen, Sie kommunizieren immer mit den Beobachtern.

Sympathisch wirken Sie nicht, wenn Sie versuchen sich einzuschmeicheln. Gleichzeitig sollten Sie jedoch auch nicht versuchen, während der Übungen direkt mit den Beobachtern zu kommunizieren. Das würde aufdringlich wirken.

Jeder Mensch hat seinen ganz persönlichen Kommunikationsstil. Sicherlich können Sie diesen durch langfristiges Training auch beeinflussen, doch jetzt drängt die Zeit.

Es gibt drei wichtige Verhaltensweisen, die die gesammelte Erfahrung aus vielen Hunderten dieser Auswahlverfahren wiedergeben und die Sie im Assessment Center berücksichtigen können:

1 Hören Sie mehr zu, als Sie selbst reden.

2 Wenn Sie selbst reden, stellen Sie mehr Fragen, als Sie Antworten geben.

3 Fragen Sie mehr nach den zukünftigen Arbeitsinhalten als nach persönlichen Belangen.

Welche Stellung haben die übrigen Teilnehmer?

Überhaupt nicht neutral: der Moderator

Der Moderator koordiniert das Assessment Center. Das heißt aber nicht, dass er eine neutrale Person ist. Denn wie oben beschrieben gehört er zu den Beobachtern. Häufig ist er sogar der „oberste" Beobachter. Das heißt, sein Urteil wiegt besonders schwer.

Ein guter Moderator ist sowohl Ansprechpartner für die Teilnehmer als auch der Organisator des Assessment Centers. Er soll den Teilnehmern helfen, sinnvolle Ergebnisse zu erzielen. Wenn einer von ihnen in Schwierigkeiten gerät, soll er helfend zur Seite stehen. Manchmal muss er auch vermittelnd eingreifen, wenn es zwischen den Teilnehmern zu Spannungen kommt oder wenn zwischen den Beobachtern gravierende Meinungsverschiedenheiten über die Bewertung eines Teilnehmers entstehen.

Ganz wesentlich ist er für den Erfolg des Assessment Centers verantwortlich. Er muss dafür sorgen, dass das Assessment Center ein Höchstmaß an Informationen liefert und diese dann auch qualifiziert ausgewertet werden.

> Der Moderator ist für das Klima des Assessment Centers zuständig.

Oft ist der Moderator ein Mitarbeiter der Personalabteilung, der regelmäßig Assessment Center durchführt. Er kennt sich in den Schwierigkeiten des Ablaufs aus und weiß um die heimlichen Probleme der Teilnehmer. Er kann sich deshalb auch in Ihre innere Verfassung hineinversetzen!

Gleichzeitig hat er aber auch ein Gespür für die Beobachter-Gruppe. Er kennt seine Kollegen, die als Beobachter teilnehmen. Und er weiß um die unterschiedlichen Interessenslagen dieser Manager. Er bringt die Interessen des gesamten Unternehmens in das Assessment Center ein. Das ist manchmal notwendig, um den teilweise sehr engen Sichtweisen der einzelnen Manager nicht zu viel Gewicht zu geben.

Darüber hinaus ist er für die Vertragsgestaltung zuständig sowie für die spätere Eingliederung ins Unternehmen.

Hat Einfluss: der Fachvorgesetzte

Neben dem Moderator kommt dem Fachvorgesetzten eine wesentliche Rolle zu. Die Anforderungskriterien für die Auswahl der Teilnehmer sind maßgeblich von ihm beeinflusst worden. Er kennt die Produkte und die Dienstleistungen des Unternehmens am besten. Im Berufsalltag muss er später mit den Teilnehmern zusammenarbeiten, die das Assessment Center bestanden haben. Deshalb will er auch auf die Auswahl Einfluss nehmen. Falls es zwischen den Managern aus den einzelnen Abteilungen zu Meinungsverschiedenheiten über die Einschätzung eines Kandidaten kommt, entscheidet oft das Votum des Fachvorgesetzten. Für Sie als Teilnehmer sind Gespräche in den Pausen mit den Fachvorgesetzten darum besonders wichtig. Hier erhalten Sie Hinweise zu deren persönlichen Ansichten, zu den Zielen des Unternehmens und den Problemen des Berufsalltags, aber auch zu den Eigenschaften früherer Assessment Center-Teilnehmer, mit denen Sie später eventuell zusammenarbeiten.

Welche Rolle der externe Berater spielt

Die externen Berater sind fast ausschließlich Mitarbeiter von Unternehmensberatungen. Zumeist ist das Assessment Center, an dem Sie teilnehmen, von einer Unternehmensberatung entwickelt worden. Das Unternehmen hat zusammen mit der Beratungsgesellschaft die Anforderungskriterien aufgestellt. Darauf aufbauend hat dann die Beratungsgesellschaft die Bausteine des Assessment Centers sozusagen maßgeschneidert. Auch das Bewertungssystem stammt aus ihrem Repertoire.

Beratungsgesellschaften verfügen über die größte Erfahrung in der Entwicklung und Durchführung. Das Assessment Center ist ihre Dienstleistung, die sie dem Unternehmen verkaufen. Für das Unternehmen kann der Einsatz externer Berater auch deshalb wichtig sein, weil diese keiner firmeninternen Interessengruppe verpflichtet sind. Gehen Sie den Unternehmensberatern nicht aus dem Weg. In den Pausen ergibt sich immer wieder mal die Möglichkeit zu einer Frage oder einem Gedankenaustausch. Wenn Sie Interesse an weitergehenden Fragen zum Assessment Center zeigen, wird das positiv registriert.

Ein gutes Assessment Center zeichnet sich dadurch aus, dass wenigstens ein geschulter Psychologe als Moderator oder als Beobachter mitwirkt. Leider ist das häufig nicht der Fall. Wenn ein trainierter Personalfachmann aus dem Unternehmen das Assessment Center leitet, kann die Beobachterqualität aber ebenso gesichert sein.

Die Übungen erfolgreich meistern

Von Rollenspiel bis zur Präsentation – in einem Assessment Center erwarten Sie durchaus anspruchsvolle Tests und Übungen. Mit den folgenden Tipps und Praxisbeispielen können Sie sich schon jetzt mit ihnen vertraut machen. In diesem Kapitel erfahren Sie,

- wie Sie sich optimal selbst präsentieren (S. 60),
- welche Arten von Tests auf Sie zukommen (S. 66),
- wie Sie sich in Gruppendiskussionen verhalten (S. 84)
- wie Rollenspiele funktionieren (S. 89)
- wie Sie Präsentationen meistern (S. 96)
- wie die Bewertung des Assessment Centers zustande kommt (S. 111).

Ihre Vorstellung – der erste wichtige Test

Die folgende Darstellung von Assessment-Center-Bausteinen liefert Ihnen Hinweise darauf, womit Sie rechnen müssen. Es sind Beispiele, auf die Sie so, wie sie hier beschrieben sind, wahrscheinlich nicht treffen werden. Doch sie helfen Ihnen sich mit der Logik von Assessment-Center-Übungen vertraut zu machen.

Bereits die Vorstellung Ihrer Person in der Gruppe ist eine Übung und keine belanglose Aufzählung Ihrer Berufsausbildung und Hobbys. Der erste Eindruck wirkt! Häufig werden hier bereits die ersten Noten im Auswertungsblatt festgehalten. Bei einigen Unternehmen kommt erschwerend hinzu, dass die Vorstellung in englischer Sprache zu erfolgen hat. Die Übung „Vorstellung" tritt in verschiedenen Varianten auf:

- kurze, einfache Vorstellung vor der gesamten Gruppe
- Vorstellung innerhalb der Gruppe, Darstellung mit Hilfe eines Diagramms
- Vorstellung durch Partnerinterview
- schriftliche: Präsentation (Steckbrief)

Wie Sie sich vor der gesamten Gruppe vorstellen

Die Vorstellung soll nur wesentliche Stationen Ihrer Ausbildung wiedergeben. Also nicht:

Beispiel: Missglückte Vorstellung

„Ich bin am 30. Februar 1975 um 11.20 Uhr im Marienhospital der Eifelgemeinde Kleinschmidthain als zweites Kind des Buchhalters im örtlichen Bürgermeisteramt, Franz-Josef Kleinmeister, und der Hausfrau Ruth-Helga geboren. Danach besuchte ich den evangelischen Kindergarten und trat dann in die Donatus-Grundschule meiner Heimatstadt ein."

Bei einem solchen oder einem ähnlichen Beginn haben Sie schon fast verloren. Ganz anders dagegen klingt folgender Beginn:

Beispiel:

„Ich habe mein Abitur in Köln abgelegt und danach meinen Wehrdienst in Koblenz geleistet. Ich habe mich für das Studium der Betriebswirtschaft entschieden, weil mich die Arbeit in einem Unternehmen fasziniert. Während des Studiums habe ich mich immer stärker für Marketingthemen interessiert. Einen Marktauftritt vorzubereiten oder Marken aufzubauen, das ist für mich eine sehr kreative und anspruchsvolle Aufgabe, die mir Spaß macht."

Tipps für die Vorstellung vor der Gruppe

Achten Sie auf die folgenden Punkte:

- Verwenden Sie möglichst nicht dieselben Ausdrücke wie Ihre Vorredner. Wiederholungen sind nicht gerade ein Hinweis auf Ihre sprachlichen Ausdrucksmöglichkeiten. Nichts ist schlimmer als Langeweile!

- Bedienen Sie sich eher einer knappen Ausdrucksweise, schweifen Sie nicht ab. Beschreiben Sie auf keinen Fall Ihre Hobbys ausführlich. Die Beobachter wollen nicht Ihr Talent zum Fußballspielen kennen lernen, sondern Ihr Engagement für den Beruf!

- Gehen Sie auf Erfahrungen bei Praktika ein und versuchen Sie, dabei Begriffe oder Vorstellungen, die Sie eventuell bereits von den Beobachtern gehört haben, einzuflechten. Viele der gestellten Fragen sind eigentlich Suggestivfragen!

- Nennen Sie prägnant Ihre Berufsziele. Zeigen Sie dabei bloß keine Unsicherheit, auch wenn Sie dies eigentlich noch gar nicht so genau wissen!

- Überlegen Sie sich bitte vorher, warum Sie gerade bei diesem Unternehmen eine Stelle haben wollen, was Sie dort lernen wollen und was Sie dort einmal erreichen wollen. Das zeigt den Beobachtern, dass Sie sich mit Ihrem zukünftigen Beruf und mit dem Unternehmen auseinandergesetzt haben.

Richtiges Verhalten bei der Vorstellung innerhalb der Gruppe

Hierbei werden zumeist Gruppen von vier Personen gebildet. Jeder Teilnehmer stellt sich zunächst den anderen vor. Danach werden die Eigenschaften, die allen gemeinsam sind, in einer Grafik festhalten.

Bei der Vorstellung in einer kleineren Gruppe wird genau auf Ihr Verhalten geachtet. Verschiedene Rollen müssen verteilt werden:

- Welcher Teilnehmer leitet die Zusammenstellung der biografischen Daten?
- Welcher Teilnehmer stellt das Team und den Ablauf der Präsentation vor?
- Welcher Teilnehmer stellt die biografischen Daten vor?
- Welcher Teilnehmer präsentiert die Gemeinsamkeiten?

Für den Beginn des Assessment Centers ist diese Übung bereits recht anspruchsvoll.

Worauf es beim Partnerinterview ankommt

Das schwierigste Verfahren ist das Interview durch einen anderen Teilnehmer. Hierfür wird Ihnen zumeist eine schriftliche Arbeitsanweisung zur Verfügung gestellt. Mit Hilfe eines kleinen Fragebogens sollen Sie innerhalb von zehn bis zwanzig Minuten von einem der Teilnehmer die wichtigsten Stationen seines Lebens sowie seine persönlichen Eigenschaften oder Neigungen herausfinden. Im Anschluss stellen Sie die Ergebnisse den anderen Teilnehmer vor.

Diese Übung ist zweigeteilt. Zuerst werden Sie beim Interview beobachtet. Dabei kommt es auf folgendes Verhalten an:

- Fragen Sie kurz und präzise!
- Unterbrechen Sie den Teilnehmer, wenn er beginnt auszuschweifen!
- Gehen Sie manche Fragen auch mit Humor an!

- Vor allem: Fragen Sie unter Berücksichtigung der Anforderungsprofile! Wenn Sie diese noch gar nicht kennen, müssen Sie sie indirekt aus der Vorstellung des Unternehmens herausgefunden haben.

- Notieren Sie sich stichpunktartig die wichtigsten Fakten und Ihren Eindruck!

- Als zweites werden Sie bei der fünf- bis zehnminütigen Präsentation beobachtet. Achten Sie dabei auf Folgendes:

- Immer das Gesicht denjenigen zuwenden, zu denen Sie sprechen. In der Regel sind das die Teilnehmer. Halten Sie Blickkontakt!

- Kleine Versprecher übergehen Sie mit einer humorvollen Bemerkung.

- Unterdrücken Sie ungeklärte Punkte in der Biografie nicht. Weisen Sie darauf hin, aber kommentieren Sie sie nicht sofort, es sei denn, ein Beobachter fragt Sie danach.

Fragen stellen bei der schriftlichen Präsentation

Hier erhalten Sie eine kurze schriftliche Arbeitsanweisung einen persönlichen Steckbrief zu erstellen. Zur Vorbereitung haben Sie einige Minuten Zeit. Ihren Steckbrief schreiben Sie auf Karten, die an eine Pinnwand geheftet werden. Dann präzisieren Sie in freier Rede Ihre Notizen. Der Inhalt entspricht dem der Präsentation vor allen Teilnehmern.

Versuchen Sie, bei der Vorstellung der anderen Teilnehmer Fragen zu stellen. Aber keine allgemeinen Fragen, sondern

- entweder Fragen zu offenen Punkten, die wichtig sind, oder

- witzige Fragen oder Hinweise.

  Lachen weist auf Ihren gesunden Humor hin. Menschen mit Humor sind in jedem Team gefragte Partner! Wenn Ihnen humorvolle Bemerkungen aber nicht liegen, sollten Sie sie auf keinen Fall erzwingen. Das wirkt nur peinlich und gibt Minuspunkte für Sie!

Achten Sie außerdem auf Folgendes:

- Nur Stichworte schreiben! Das spart Platz für weitere Notizen und engt die Diskussion nicht ein. Und es weist auf Ihre Ausdrucksfähigkeit hin.

- Schreiben Sie groß und leserlich! Denn die anderen Teilnehmer sollen Ihre Stichwörter ja auch erkennen können. Das lässt darauf schließen, dass Sie sich auf die Teilnehmer einstellen können.

- Zeichnen Sie Skizzen oder Karikaturen: Das belebt die Diskussion – und beweist Ihre Kreativität.

- Strukturieren Sie Ihre Bemerkungen – das belegt Ihr Vermögen, organisiert vorzugehen.

- Halten Sie sich an das Zeitlimit – zumeist werden fünf Minuten für die freie Rede vorgegeben. Das weist auf Ihr Konzentrationsvermögen hin.

- Halten Sie Blickkontakt: Die Teilnehmer – und nur diese – direkt ansprechen und ansehen (nicht den Rücken zukehren). Das zeugt von Ihrem Präsentationstalent.

Gut abschneiden bei der Postkorb-Übung

Es gibt eine Übung, die für das Assessment Center typisch ist: die Postkorb-Übung. Es gibt sie in zahlreichen Varianten. Die Grundidee besteht darin:

- Stellen Sie sich vor, Sie sind eine Führungskraft oder ein Spezialist oder ein Sachbearbeiter.
- Sie kommen am Morgen zur Arbeit (oft vor oder nach einer Dienstreise/Urlaubsreise von einigen Tagen).
- Sie finden auf Ihrem Schreibtisch einen Stapel von Briefen, Notizen und Meldungen vor.
- Sie müssen diese unbedingt innerhalb von 30 bis 60 Minuten bearbeiten. Denn schon bald müssen Sie das Büro wieder für eine Dienstreise verlassen.

Die Postkorb-Übung simuliert eine Entscheidungssituation, wie Sie täglich in Unternehmen anzutreffen ist. Deshalb ist sie auch bei den Gestaltern des Assessment Centers so beliebt.

Welche Fähigkeiten müssen Sie beweisen?

Prioritäten festlegen

Auf Führungskräfte kommen täglich eine Vielzahl von Anforderungen zu, die niemals alle gleichzeitig erledigt werden können. Das Wichtige muss von dem weniger Wichtigen unterschieden werden.

Die erste Schwierigkeit besteht also darin, die Prioritäten festzulegen.

Wenn Sie beispielsweise eine Entscheidung über eine Investition einer neuen Maschine von einer Million Euro treffen müssen, dann hat diese Entscheidung eine sehr hohe Priorität. Eine Entscheidung über die Ferienvertretung des Reinigungspersonals in Ihrer Abteilung ist nicht mit einer solch hohen finanziellen Konsequenz verbunden.

Was ist dringlich, was kann warten?

Gleichzeitig müssen Sie eine Entscheidung darüber treffen, wann die Aufgaben erledigt werden müssen. Das heißt, dass Sie den Zeitablauf der Bearbeitung festlegen müssen. Einige Aufgaben können auch später erledigt werden, weil sie nicht so wichtig sind. Andere Aufgaben wiederum müssen bis zu einem bestimmten Zeitpunkt entschieden werden.

Die zweite Schwierigkeit ist also, die Dringlichkeit festzulegen.

Die Priorität der Investitionsentscheidung ist groß. Auch die Dringlichkeit ist hoch, weil das Unternehmen ohne die neue Maschine täglich Geld verliert. Aber Ihnen steht eine wichtige Informationen über die Garantieleistung des Maschinenbauunternehmens noch nicht zur Verfügung. Sie können also noch nicht das Geld freigeben, sondern müssen erst noch die entsprechende Information des Maschinenbauunternehmens einholen.

Demgegenüber ist die Priorität der Urlaubsvertretung für die Reinigungskräfte nicht so hoch, weil diese Entscheidung dem Unternehmen nicht direkt Geld kostet. Treffen Sie diese aber nicht sofort, werden die Kräfte von der Reinigungsfirma abgezogen. Das bringt Ihnen eine Menge Ärger ein, stört den Betriebsfrieden erheblich, lässt die Produktivität sinken und kostet das Unternehmen dann doch wieder Geld.

Was ist privat, was geschäftlich?

Sie werden im Postkorb Briefe und Notizen und Meldungen aus ganz unterschiedlichen Bereichen finden. Die dritte Schwierigkeit besteht darin, private und geschäftliche Nachrichten voneinander zu trennen.

Beispielsweise hat Ihre Frau eine Notiz hinterlassen, dass sie zu ihrer plötzlich erkrankten Mutter reisen musste. Am Nachmittag werden die seit Wochen sehnlichst erwarteten neuen Möbel angeliefert. Dafür sollten Sie zu Haus sein.

Gleichzeitig finden Sie eine Notiz Ihres Chefs mit der Bitte, ihn auf der Bereichsleitersitzung an diesem Nachmittag zu vertreten.

Sie können nicht gleichzeitig an zwei verschiedenen Orten sein. Die Möbel müssen angenommen werden. Sie müssen herausfinden, wie wichtig Ihre Teilnahme an der dienstlichen Sitzung ist und gegebenenfalls einen Nachbarn bitten, die Möbel anzunehmen.

Wie Sie mit dem Zeitdruck umgehen

Die vierte Schwierigkeit ergibt sich bereits aus den obigen Hinweisen zur Bearbeitung des Postkorbs. Sie stehen bei der Bearbeitung unter einem enormen Zeitdruck.

Sie haben nicht viel Zeit, die ersten drei Schwierigkeiten zu handhaben. Sie müssen schnell und präzise entscheiden. Und genau das wird während dieser Übung bewertet.

In der Regel stehen Ihnen dafür nicht mehr als 30 Minuten zur Verfügung. In dieser Zeit müssen Sie sich die Aufgaben durchlesen und die erwarteten Entscheidungen treffen.

Was müssen Sie delegieren?

In fast allen Postkörben ist noch eine fünfte Schwierigkeit eingebaut: Sie müssen entscheiden, was Sie unbedingt selbst erledigen müssen und was Sie an Mitarbeiter delegieren können. Sie stehen also zusätzlich vor der Aufgabe, zu entscheiden, ob Sie die Arbeit selbst erledigen oder an andere weitergeben.

Beispielsweise können Sie das Einholen der Information über die Investitionsentscheidung an einen Mitarbeiter delegieren und sich so Zeit für die Lösung der anderen Aufgaben schaffen.

Auf die Reihenfolge kommt es an

Die sechste Schwierigkeit besteht darin, dass es einzelne Aufgaben gibt, die nicht unabhängig voneinander, sondern nur in einer bestimmten Reihenfolge gelöst werden können. Das heißt also, dass Sie die Vernetzung beachten müssen.

Denken Sie an das Beispiel der Investitionsentscheidung: Gleichzeitig liegt Ihnen das Gesuch für einen sofortigen Urlaubsantritt Ihres wichtigsten Ingenieurs auf dem Tisch. Eigentlich wollten Sie die Einholung der Information vom Maschinenbauunternehmen an den Ingenieur delegieren. Dessen Frau ist aber ins Krankenhaus eingeliefert worden und er muss sich ab sofort einige Tage zu Hause um seine Kinder kümmern. Beide Aufgaben sind miteinander vernetzt. Sie müssen innerhalb einer komplexen Situation eine Entscheidung treffen. Beiden Seiten müssen Sie irgendwie gerecht werden. In diesem Fall könnte die Lösung so aussehen: Das Unternehmen stellt dem Mitarbeiter für eine gewisse Zeit eine Haushaltshilfe zur Verfügung.

Keine Angst vor Unvorhergesehenem!

Halten Sie sich bei dieser Übung immer vor Augen: Entscheidungen zu treffen ist eine ganz und gar alltägliche Angelegenheit. Ständig müssen wir zwischen verschiedenen Alternativen entscheiden. Während einer Postkorb-Übung geschieht also nichts Ungewöhnliches, nur dass Sie es bewusst und unter Zeitdruck tun.

> Treffen Sie bereits beim Durchlesen eine erste grobe Sortierung. Bleiben Sie gelassen, die meisten Postkörbe sind weniger schwierig, als es auf den ersten Blick erscheint.

Postkorb-Übungen können auch variieren. Machen Sie sich unter Umständen auch auf Folgendes gefasst:

- Beispielsweise kann Ihnen eine längere Bearbeitungszeit zur Verfügung stehen. Dann müssen Sie aber Ihre einzelnen Arbeitsschritte nicht nur schriftlich begründen, sondern den Bearbeitern der einzelnen Briefe oder Notizen auch schriftliche Arbeitsanleitungen geben.

- Sie werden bei der Bearbeitung unterbrochen: Zwischendurch klingelt das Telefon und Sie müssen die Bearbeitung für einige Minuten unterbrechen. Während des Gesprächs erfahren Sie von einem neuen Problem, das Sie in die Bearbeitung des Postkorbs einbauen müssen.

- Sie müssen Ihre Entscheidungen am Ende mündlich begründen: Für Ihre Entscheidungsfindung gibt es in den seltensten Fällen eine allein gültige Lösung. Wie im alltäglichen Leben gibt es verschiedene Wege zum Ziel. Wenn Sie den von Ihnen gewählten Weg vorstellen, sollten Sie die Möglichkeit nutzen, ihn zu begründen. Die Begründungen werden dann von den Beobachtern gewertet.

Eine Postkorb-Übung zielt darauf ab, Ihre Fähigkeit zu systematischem Denken und Handeln und Ihre Flexibilität zu testen. Von vielen der in einem Postkorb enthaltenen Aufgaben werden Sie noch niemals zuvor etwas gehört haben. Lassen Sie sich davon nicht aus der Ruhe bringen. In erster Linie kommt es auf Ihren gesunden Menschenverstand an!

> Ärgern Sie sich nicht über unsinnig zusammengesetzte Postkörbe. Das soll Sie nur verwirren! Mit Ruhe und Konzentration meistern Sie auch diese Hürde.

Checkliste: Postkorb-Übung

- Legen Sie Prioritäten fest.
- Entscheiden Sie zwischen geschäftlichen und privaten
- Anliegen.
- Regeln Sie den Zeitablauf.
- Unterscheiden Sie zwischen Aufgaben, die Sie selbst erledigen, und solchen, die Sie delegieren.
- Behalten Sie immer die Vernetzung der einzelnen Aufgaben im Auge.

Vom Leistungs- bis zum Persönlichkeitstest

Wenn Sie zu einem Assessment Center eingeladen werden, wissen Sie vorher nicht, welche Tests genau eingesetzt werden. Deshalb ist eine gezielte Vorbereitung auch kaum möglich. Auch wenn es jede Menge so genannter Testknacker im Buchhandel zu kaufen gibt, lassen Sie sich davon nicht einnehmen.

Wir stellen Ihnen die geläufigsten Testarten vor. Im Wesentlichen gibt es vier verschiedene:

1 Leistungstests

2 Rechtschreibtests

3 Persönlichkeitstests

4 Fach- und Wissenstests.

Was erwartet Sie bei den Leistungstests?

Leistungstests sollen ein oder mehrere Merkmale Ihrer Leistungsfähigkeit diagnostizieren. Hier sind einige Beispiele:

Numerisch-logisches Denken

Beispiel: Numerisch-logisches Denken

Ergänzen Sie diese Zahlenreihe:

6 10 14 18 22 26 30 ...

Lösung: 34

Sprachlogisches Denken

Beispiel: Sprachlogisches Denken

Bilden Sie Analogien:

Schaf: Wolle

Vogel: ?

a) Leiter   b) Gras   c) Federn   d) Krallen   e) Körner

Lösung: c)

Räumliches Denken

Tests zum räumlichen Denken arbeiten oft mit geometrischen Körpern, z. B. Würfeln, die Sie zusammensetzen müssen. Sie erhalten eine Faltvorlage, also z. B. einen auseinandergefalteten Würfel, der auf jeder seiner sechs Seiten verschiedene Zeichen wie Punkte, Kreise oder Striche in unterschiedlicher Anzahl hat. Daneben sehen Sie verschiedene Lösungsmöglichkeiten, also verschiedene fertig gefaltete Würfel. Sie müssen entscheiden, welcher Würfel der richtige ist. Allerdings werden Ihnen natürlich lediglich die Abbildungen des auseinandergefalteten und der fertigen Würfel geboten, Sie müssen die den richtigen Würfel also „im Kopf" zusammenfalten.

Merkfähigkeit

Möglichst viele Namen, Gesichter oder Begriffe einer Liste müssen nach einer kurzen Einprägezeit wieder aus dem Gedächtnis abgerufen werden.

Beispiel: Merkaufgabe

Versuchen Sie, sich in drei Minuten die folgenden Begriffe einzuprägen

Medien: Fernsehen, Radio, Kino, Internet, Katalog
Länder: Peru, Brasilien, Uruguay, Chile
Musikinstrumente: Flöte, Klavier, Bratsche, Cello, Violine
Fahrzeuge: Auto, Lastwagen, Motorrad, Fahrrad
Getränke: Saft, Wasser, Bier, Tee, Kaffee

Legen Sie ein Blatt über die Liste und beantworten Sie folgende Frage:

War das Wort mit dem Anfangsbuchstaben „L" ein Medium, ein Land, ein Musikinstrument, ein Fahrzeug oder ein Getränk? Und das Wort mit dem Anfangsbuchstaben „W"?

Einige Strategien, wie Sie Ihre Merkfähigkeit steigern können, finden Sie übrigens im TaschenGuide Nr. 20 „Memory – Gedächtnistraining und Konzentrationstechniken".

Praktisch-rechnerisches Denken

Hier finden Sie Textaufgaben der unterschiedlichsten Schwierigkeitsgrade. In der Regel genügen jedoch die Grundrechenarten und die Prozentrechnung, um diese Aufgaben zu lösen.

Beispiele: Textaufgaben

Ein Laptop kostet 1 500 Euro. Sein Preis soll um 7% erhöht werden. Wie viel Euro kostet er dann?

a) 1 550 b) 1 600 c) 1 605 d) 1 700 e) 1 750

(Lösung: c)

Ein Zug fährt um 12.45 Uhr in Hannover ab. Nach 21/2 Stunden soll er in Dortmund sein. Wann kommt er an, wenn er 50 Minuten Verspätung hat?

a) 16.15 b) 15.45 c) 16.10 d) 15.00 e) 16.05

Lösung: e)

Sechs Kisten Apfelsinen kosten im Einkauf 120 Euro. Wenn in einer Kiste 20kg sind und der Händler 1kg zu 1,50 Euro verkauft, wie viel Euro verdient er dann an den sechs Kisten?

a) 40 b) 60 c) 70 d) 100 e) 80

Lösung: b)

Problemlösen

In dieser Art Textaufgaben ist meistens das logische und praktische Denken gefragt. Meist wird ein Beispiel vorgegeben, dann muss der Teilnehmer mehrere Aufgaben nach einem ähnlichen Schema lösen. Hier ein Beispiel:

Beispiele: Problemlösen

Bei den folgenden Aufgaben sehen Sie jeweils eine Problemstellung, die durch ein Ablaufdiagramm in Einzelschritte zerlegt wurde. Ihre Aufgabe ist es die Reihenfolge der Einzelschritte nachzuvollziehen. An unterschiedlichen Punkten im Diagramm sind Folgeschritte offen gelassen. Sie sollen entscheiden, welche von fünf Möglichkeiten die Problemstellung an dieser Stelle sinnvoll ergänzt.

Problemstellung:

In einer Geschäftsfiliale sind die Postsendungen nach Posteinbzw. Postausgang zu sortieren. Alle Sendungen sollen danach klassifiziert werden, ob sie Briefe, Päckchen oder Pakete sind.

Betrachten Sie bitte folgendes Ablaufdiagramm, das die Abfolge der verschiedenen Einzelschritte der Problemstellung abbildet.

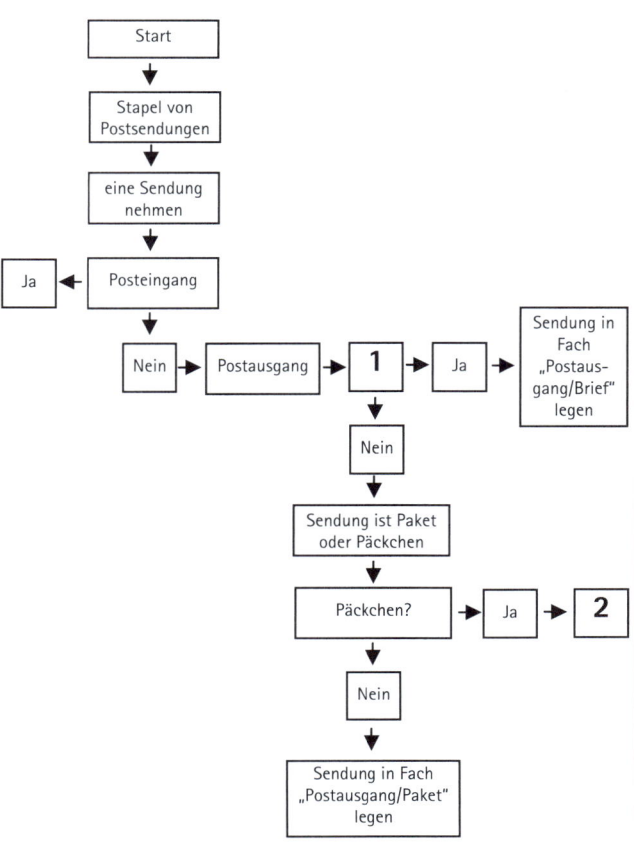

Zur Darstellung werden Rechtecke benutzt, die jedoch unterschiedliche Bedeutung haben können. Die Rechtecke können folgende Inhalte darstellen:

1. eine Anweisung, z. B. „Eine Sendung nehmen",

2. eine Frage, die mit Ja oder Nein zu beantworten ist, z. B. „Posteingang?" oder

3. eine Aussage oder Feststellung, die den aktuellen Informationsstand betrifft. Da beispielsweise die Frage „Posteingang?" mit „Nein" beantwortet wird, ist „Postausgang" die entsprechende Schlussfolgerung.

Welche der folgenden Alternativen ergänzt Fragestellung 1 richtig?

a) Sendung in Postausgang legen.

b) Postausgang?

c) Brief?

d) Sendung geprüft?

e) Es liegt ein Brief, Päckchen oder Paket vor.

Aufgrund der Fragestellung und den gegebenen Informationen ist Antwort c) „Brief?" die richtige Lösung.

Welche der folgenden Alternativen ergänzt Fragestellung 2 richtig?

a) Sendung in Fach „Postausgang/Paket" legen.

b) Sendung aussortieren.

c) Ist Sendung zu schwer?

d) Sendung in Fach „Postausgang/Päckchen" legen.

e) Sendung ist ein Brief.

Alternative d) „Sendung in Fach ‚Postausgang/Päckchen' legen" ist bei Fragestellung 2 die richtige Lösung.

Abstraktionsvermögen (Intelligenztests)

Gemeinsamkeiten von Figuren oder Begriffspaaren müssen erkannt werden. Je nach Version des Intelligenztests können noch zusätzliche Merkmale abgefragt werden.

Die in Deutschland wohl am häufigsten eingesetzten Intelligenztests sind

- der WIT (WIT: Wilde-Intelligenz-Test),
- der I-S-T 70: Intelligenzstruktur-Test (oder auch Amthauer Test, nach seinem Entwickler; Beispiel s. o.),
- der LPS: Leistungsprüfsystem,
- der HAWIE: Hamburg-Wechsler Intelligenztest für Erwachsene und der
- MIT: Mannheimer-Intelligenz-Test.

Weitere Tests

Andere Tests, die zu den Leistungstests gerechnet werden, sind z. B. Konzentrationstests, bei denen etwa aus einer Reihe ähnlicher Zeichen jeweils besonders Beschriebene gekennzeichnet werden müssen. Hier ein Beispiel:

Beispiel: Konzentrationstests

 In dieser Reihe von Zeichen müssen alle Neuner herausgestrichen werden, die insgesamt zwei Striche haben. In den meisten Tests gibt es mehrere solcher Zahlen- oder Buchstabenreihen und Sie haben pro Reihe nur einige Sekunden Zeit. Das heißt, man muss sehr schnell, aber auch genau arbeiten. Ausgewertet wird dann die Menge der bearbeiteten Zeichen als Hinweis auf Arbeitstempo sowie die Anzahl der Fehler im Verhältnis zur bearbeiteten Menge als Hinweis auf Sorgfalt und Arbeitsqualität.

$$\bar{}\ \ \bar{\bar{}}\ \ \ \bar{}\ \ \bar{\bar{}}\ \ \ \ \ \ \bar{}\ \ \ \bar{}\ \ \bar{\bar{}}\ \ \ \ \bar{}$$
$$6\quad 9\quad 6\quad \underline{9}\quad 9\quad 9\quad 6\quad \underline{9}\quad \underline{6}\quad 6\quad \underline{9}\quad 6$$

Konzentrationstests testen meist Ihre Schnelligkeit. Doch sollten Sie sich nicht dazu verleiten lassen, aus lauter Eile die korrekte Bearbeitung zu vernachlässigen.

Tipps zu Rechtschreibtests

Auch das kann in einem Assessment Center vorkommen: Ein Text soll auf Rechtschreib-, Grammatik- und Zeichensetzungsfehler hin überprüft und korrigiert werden.

- Rechnen Sie damit, dass Sie den Text nach der neuen Rechtschreibung bearbeiten sollen.

- Sie sollten sich bei diesem Test immer auf eine oder zwei Fehlerarten konzentrieren und nicht alle gleichzeitig erfassen wollen. Lieber den Text zweimal durcharbeiten!

Der TaschenGuide Nr. 23 „Die neue Rechtschreibung" hilft Ihnen, sich in kurzer Zeit die Regeln der neuen Rechtschreibung anzueignen.

Was bei Persönlichkeitstests verlangt wird

Diese Tests sollen Sie als Person näher erfassen, d. h. Ihre Einstellungen, Motive und Charakterzüge. Persönlichkeitstests gibt es im Wesentlichen in zwei Formen. Die eine Form ist eine Liste von Fragen, auf die Sie in der Regel mit Ja oder Nein (auch wenn Ihre Antwort eigentlich dazwischen liegen würde) antworten müssen. Oder es sind so genannte „projektive Tests", bei denen Sie Bildmaterial (z. B. Klecksbilder, einen Baum, Figuren etc.) deuten und interpretieren müssen. Letztere werden allerdings im Assessment Center sehr selten eingesetzt.

Die am häufigsten abgefragten Persönlichkeitsmerkmale sind:

- Leistungsmotivation
  Das Unternehmen möchte erfahren, wie motiviert Sie an Aufgaben herangehen.

- Dominanzstreben
  Wie weit geht Ihr Bestreben, andere Menschen zu dominieren? Daraus werden Ihr Führungspotenzial und Ihre Teamfähigkeit abgeleitet.

- Kontaktorientierung
  Sind Sie ein geselliger oder eher ein introvertierter Mensch? Für einen Vertriebsmitarbeiter oder Berater ist ein offenes Wesen wichtig.

- Belastbarkeit
  Sind Sie in verschiedensten Situationen und auch in Krisen belastbar oder verlieren Sie dann schnell die Nerven?

- Flexibilität
  Wie schnell können Sie sich auf neue Menschen, Situationen oder Verfahren einstellen?

- Offenheit
  Wie offen sind Sie für andere Menschen und neue Themen? In einer Zeit schnellen Wandels ist das ein immer wichtigeres Merkmal.

Darüber hinaus gibt es eine Vielzahl anderer Merkmale, je nachdem, welche Anforderungen das Unternehmen und die Aufgabe an Sie stellen.

Die Länge eines solchen Persönlichkeitstests kann zwischen zehn und 60 Minuten variieren. Es empfiehlt sich, die Fragen zügig und spontan zu beantworten, da es hier kein Richtig oder Falsch gibt. Es macht wenig Sinn, ein Bild von sich zeichnen zu wollen, dem Sie später nicht gerecht werden.

Eher selten: Fach- und Wissenstests

Dies sind Testarten, die nicht sehr häufig im Assessment Center vorkommen. Fachtests werden vor allem dann eingesetzt, wenn es um eine Position geht, die ein ganz spezifisches Fachwissen voraussetzt. Dazu gehören auch Arbeitsproben. Da Hochschulabsolventen in Unternehmen aber in der Regel breit eingesetzt und langsam aufgebaut werden sollen, kommt diese Art Test sehr selten vor.

Ähnlich verhält es sich mit Wissenstests, wobei hier noch eine methodische Schwierigkeit hinzukommt: Da das Wissen heutzutage immer schneller veraltet, ist es kaum möglich, Tests zu entwickeln und auch zu überprüfen, die nach drei Jahren noch einsetzbar sind, weil sich in dieser Zeit schon zu vieles wieder verändert hat.

In vielen der auf dem Markt vorhandenen Tests zum Allgemeinwissen wimmelt es deswegen von Fragen aus den 60er- und 70er-Jahren, die ein Hochschulabsolvent heute gar nicht mehr „richtig" beantworten könnte, denn die „richtige" Antwort ist heute eine andere als damals.

Einige wichtige Tipps für das Verhalten in Tests

- Lesen Sie immer die Instruktion aufmerksam durch. Sie haben in der Regel keine Zeit mehr, falsch verstandene Aufgaben zu korrigieren.

- Fragen Sie den Testleiter/Instruktor lieber einmal zu viel als zu wenig, wenn Ihnen eine Aufgabe nicht ganz klar ist.

- Achten Sie selbst auf die Zeit. Bei manchen Tests wird die zur Verfügung stehende Zeit bekannt gegeben.

- Achten Sie auf Genauigkeit. Bei den meisten Tests genügt es, wenn man 2/3 der Aufgaben richtig gelöst hat, um ein gutes Ergebnis zu erzielen.

- Bleiben Sie nicht an einer Aufgabe hängen, sondern überspringen Sie diese im Zweifelsfall lieber.

- Lassen Sie sich nicht entmutigen, wenn Sie nicht alle Aufgaben schaffen!

- Wenn doch noch Zeit übrig sein sollte, kontrollieren Sie noch einmal Ihre Ergebnisse.

Gewinnen in der Gruppendiskussion

In Ihrer zukünftigen Stelle werden Sie in einem Team arbeiten. Sie wissen noch nicht, wie dieses Team zusammengesetzt sein wird und welche Rolle Sie dabei einnehmen werden. Doch über eines sollten Sie sich im Klaren sein: Die lockeren Zeiten des Studiums ohne kontinuierliche Einbindung in feste Teamstrukturen werden nicht wiederkommen.

Auch die Unternehmen wissen um diesen wesentlichen Unterschied zwischen Ausbildung und Beruf. Deshalb wollen sie testen, ob und wie Sie in ein Team hineinpassen. Dafür werden in fast allen Assessment Center Gruppendiskussionen eingesetzt, bei denen vier bis sieben Teilnehmer miteinander

diskutieren. Und dann gibt es auch noch die Rollenspiele, bei denen Sie Ihre kommunikativen Fähigkeiten unter Beweis stellen müssen – ein nicht unwesentlicher Faktor für die Teamarbeit.

Welche Verhaltensweisen werden getestet?

Die Gruppendiskussion ist ein Mittelpunkt des Assessment Centers. Sie liefert den Beobachtern Informationen über einige Ihrer Fähigkeiten:

- Können Sie andere Menschen überzeugen?
- Können Sie Ihre Meinung anderen gegenüber durchsetzen?
- Können Sie zuhören?
- Können Sie unter einer Vielzahl unterschiedlicher Meinungen einen Kompromiss finden?
- Können Sie eine Diskussion leiten?

Es sind zum Teil gegensätzliche Fähigkeiten, die in dieser Übung getestet werden sollen. So ist für die Beobachter generell Ihre Fähigkeit zur Konsensbildung interessant. Tritt die Diskussion aber auf der Stelle, wird Ihre Durchsetzungsfähigkeit beobachtet. Diese Vielfalt macht es auch fast unmöglich, eine Gruppendiskussion vorher zu üben.

Seriös aufgebaute Gruppendiskussionen haben Themen aus dem unmittelbaren Unternehmensalltag zum Gegenstand. Diese kennen Sie vorher nicht.

In einer Gruppendiskussion wird weniger getestet, ob Sie für ein Problem eine treffende Lösung finden, als vielmehr die Art und Weise, auf die Sie ihre Argumente vorbringen. Dazu gehört auch, wie Sie mit Ihren Kollegen umgehen und an die Problemlösung herangehen.

Welche Formen von Gruppendiskussionen gibt es?

Im Wesentlichen werden zwei Formen eingesetzt: Die häufigste Variante ist die führerlose Diskussionsrunde.

Führerlose Diskussionsrunde

Sie kann zwischen einer halben und einer Stunde dauern. Die Teilnehmer müssen sich selbst organisieren, ohne dass formell einer von ihnen die Leitung übernimmt. Kein Teilnehmer soll direkt diese Diskussion steuern, niemand erhält eine Rolle zugewiesen, aber alle Teilnehmer sollen sich bemühen das in dem Einleitungspapier formulierte Ziel anzustreben. In dieser Variante der Gruppendiskussion ist die Dynamik meist sehr hoch.

Gruppendiskussion mit Diskussionsleitung

Bei dieser zweiten Variante wird ein Diskussionsleiter bestimmt, dessen Leistung dann natürlich besonders intensiv beobachtet wird. Dabei wird der Diskussionsleiter nach einer bestimmten Zeit, meist alle 10 bis 15 Minuten, gewechselt, so dass jeder Teilnehmer einmal gezwungen ist die Leitung zu übernehmen. Ein solcher Wechsel stellt an die Flexibilität der Teilnehmer hohe Anforderungen.

Innerhalb dieser zwei Formen kann der Diskussionsablauf sehr verschieden gestaltet werden:

- Alle Teilnehmer erhalten dieselben Unterlagen mit der Anweisung ein für alle gültiges Ziel anzustreben.
- Alle Teilnehmer erhalten dieselben Unterlagen mit der Anweisung, dass jeder eine eigene Position zu formulieren und zu vertreten hat, am Ende aber eine gemeinsame Lösung gefunden werden muss.
- Alle Teilnehmer erhalten eine Unterlage, in der für alle eine identische Situation beschrieben, aber jedem Teilnehmer eine individuelle Rolle zugewiesen wird, die er offensiv zu vertreten hat.

Worauf sollten Sie besonders achten?

Bevor wir Sie mit einer unendlichen Liste von Regeln überschütten, listen wir lieber ein paar griffige Anhaltspunkte auf. Wenn Sie sich an diesen orientieren, kann nicht mehr viel schief gehen!

- Schreiben Sie sich die Namen der anderen Diskussionsteilnehmer auf, damit Sie sie präzise ansprechen können, oder lesen Sie die vorhandenen Namensschilder auf dem Tisch ab.

- Reden Sie nicht zu schnell. Versuchen Sie dabei nicht alle Teilnehmer von Ihrem Standpunkt überzeugen zu wollen, sondern konzentrieren Sie sich auf die wesentlichen Punkte des Themas. Das zeigt Ihre Selbstsicherheit.

- Lassen Sie die anderen Teilnehmer ausreden. Wenn die Diskussion ausufert oder vom Thema wegführt, schalten Sie sich mit präzisen und kurzen Argumenten ein. Das zeugt von Ihrer Fähigkeit zum Zuhören und zur Initiative.

- Wenn Sie davon überzeugt sind, dass ein Punkt falsch diskutiert oder zerredet wird und das auch argumentativ klarstellen können, dann versuchen Sie die anderen Teilnehmer davon zu überzeugen. So beweisen Sie Durchsetzungsvermögen.

- Wenn Sie feststellen, dass Sie die übrigen Teilnehmer nicht überzeugen können, dann versuchen Sie einen Kompromiss durchzusetzen. Das ist ein Beleg für Ihre Moderations- und Teamfähigkeit.

> In einer Gruppendiskussion gibt es kein richtiges Verhalten, sondern nur ein Verhalten, das der Situation angemessen ist..

Beispiele: Themen einer Gruppendiskussion

- Projektmeeting zu einem Geschäftsthema
- Auffinden und Strukturieren einer gemeinsamen Geschäftsidee
- Erstellen einer Rangliste zu lösender Aufgaben
- Entwickeln neuer Vermarktungskonzepte
- Analyse einer Fallstudie

Wie Sie im Rollenspiel getestet werden

Unternehmensfaktor Kommunikation

Unternehmen leben von der Kommunikation: nach innen zwischen den Mitarbeitern und nach außen mit dem Unternehmensumfeld.

Keine Frage: Die Kommunikation nimmt in jeder Arbeitssituation einen hohen Stellenwert ein. Deshalb ist es für Ihren zukünftigen Arbeitgeber sehr wichtig zu wissen, wie es um Ihre kommunikativen Fähigkeiten bestellt ist. Bedenken Sie, dass Sie mit großer Wahrscheinlichkeit im Laufe Ihrer beruflichen Karriere Führungsverantwortung und somit auch Personalverantwortung übernehmen werden.

Die Rollenspiele im Assessment Center werden zur Messung Ihrer kommunikativen Fähigkeiten eingesetzt. Sie dienen dazu Ihr künftiges Verhaltens im Arbeitsumfeld abschätzen zu können. In Rollenspielen werden betriebliche Gesprächssituationen simuliert. Um Aufschluss über die Ausprägung Ihrer kommunikativen Fähigkeiten zu erhalten, wird Ihr Gesprächsverhalten in schwierigen Situationen beobachtet.

Wie läuft das Rollenspiel ab?

Das Unternehmen will durch simulierte Gesprächssituationen überprüfen,

- welche kommunikativen Fähigkeiten Sie besitzen und
- wie stark diese Fähigkeiten bei Ihnen ausgeprägt sind.

Zu diesem Zweck wird im Assessment Center zumeist eine Gesprächssituation zwischen zwei Personen simuliert. Dabei werden im Wesentlichen fünf verschiedene Arten von Gesprächen nachgestellt:

- Verhandlungsgespräche
- Überzeugungsgespräche
- Zielgespräche
- Konfliktgespräche
- Kritik- und Feedback-Gespräche

Welche Rollen können Sie übernehmen?

Im Rollenspiel übernehmen Sie eine Rolle, die die Anforderungen Ihres zukünftigen Arbeitsplatzes widerspiegelt. Beispielsweise könnten folgende Rollen auf Sie zukommen:

- Vorgesetzter
- Mitarbeiter
- Experte

Ihr Gesprächspartner ist entweder einer der Beobachter oder einer der anderen Teilnehmer. Sie sollten aber immer davon ausgehen, dass Ihr Gesprächspartner – auch wenn er einer der anderen Teilnehmer ist – die Aufgabe hat, Ihnen die Gesprächssituation nicht leicht zu machen.

Möglicherweise wird von Ihnen auch verlangt werden, plötzlich die Rolle des Gesprächspartners einzunehmen. Sie befinden sich dann also auf der Gegenseite. Die Hinweise bleiben aber weiterhin gültig.

Die Spielregeln

Beide Teilnehmer erhalten vor Beginn des Rollenspiels eine Rollenanweisung. Zuerst wird ihnen darin eine Problemlage geschildert, die für das Unternehmen typisch ist.

Meist wird ihnen auch das angestrebte Gesprächsergebnis vorgegeben. Ihnen wird also gesagt, welches Resultat sie erreichen sollen. Ist dies nicht der Fall, ist es ihre Aufgabe, einen für beide Seiten zufriedenstellenden Gesprächsausgang herbeizuführen.

Die Vorbereitungszeit ist knapp bemessen, meist nicht länger als zehn bis 15 Minuten. In dieser Zeit muss es Ihnen gelingen, sich die wichtigsten Details der Anweisung zu merken und einen groben Argumentationsablauf zu entwickeln.

Was sollten Sie zeigen?

Denken Sie dabei aber immer daran, dass es nicht darum geht, eine richtige Lösung herbeizuführen. Viel wichtiger ist es, die Beobachter durch Ihre Vorgehensweise zu beeindrucken. Das schaffen Sie vor allem mit den folgenden Qualitäten:

- Einfühlungsvermögen
- kooperativer Führungsstil
- Verhandlungsgeschick
- Flexibilität
- clevere Gesprächsführung
- Überzeugungskraft
- Durchsetzungsvermögen

Doch aufgepasst: Sie müssen die richtige Mischung aus diesen Elementen finden!

So kann z. B. zu viel Einfühlungsvermögen auch als Führungsschwäche gedeutet werden. Oder Sie führen das Gespräch sehr flexibel, kommen aber damit in den Augen der Beobachter dem Gesprächsziel nicht näher. Dann könnte Ihre Gesprächsführung als nicht sehr clever ausgelegt werden.

> Sie müssen beim Rollenspiel Ihre Verhaltensweise stets an den Unternehmensinteressen ausrichten und in diesem Sinne einen positiven Gesprächsabschluss erreichen..

Die Beobachter bewerten Ihr Verhalten im Rollenspiel mit Hilfe folgender Fragen:

- Auf welche Art und Weise eröffnen Sie das Gespräch?
- Machen Sie die Gesprächsziele deutlich?
- Haben Sie das Gespräch sinnvoll gegliedert?

- Hören Sie Ihrem Gegenüber zu und nehmen Sie dessen Argumente auf?
- Wie reagieren Sie in kritischen Momenten?
- Wie konsequent verfolgen Sie Ihre Gesprächsziele?
- Haben Sie mit Ihrem Gesprächspartner eine gemeinsame Problemlösungen erzielt?
- Wie war die Gesprächsatmosphäre?

Im Folgenden wollen wir Ihnen ein ausführliches Beispiel eines Rollenspiels vorstellen.

Beispiel: Rollenspiel „Private Schwierigkeiten"

 Arbeitsanweisung Rollenspieler 1:

Sie sind Günter Walter und seit zwei Jahren regionaler Verkaufsleiter der Region Süd bei einem der führenden europäischen Produzenten innovativer Lüftungstechnik. Sie führen heute ein Gespräch mit Herrn Schneider, einem Ihrer Mitarbeiter. Herr Schneider ist als Außendienstmitarbeiter verantwortlich für Hessen und für Thüringen. Herr Schneider ist verheiratet, hat zwei Kinder und wohnt in der Nähe von Kassel. Er führt seit seinem Einstieg in Ihr Unternehmen eine Wochenend-Ehe.

Der Grund für Ihr heutiges Gespräch:

Sie haben in letzter Zeit vermehrt Beschwerden über die mangelnde Kundenbetreuung durch Herrn Schneider im südhessischen Raum gehört. Auch Ihr persönlicher Eindruck ist, dass die Verkaufsgespräche in Südhessen und Thüringen abnehmen und Herr Schneider in letzter Zeit häufiger als zuvor seine Tour auf eine Übernachtung in Kassel hin ausrichtet.

Darüber hinaus wirkt Herr Schneider in letzter Zeit sehr schlecht gelaunt und unruhig, obwohl er früher bei seinen Kunden und Kollegen für seine ruhige und ausgeglichene Art bekannt war.

Welche Probleme hat Herr Schneider? Sie machen sich ernsthafte Sorgen, dass dem Unternehmen durch seine schlechte Kundenbetreuung Schwierigkeiten entstehen. Sprechen Sie mit Herrn Schneider und versuchen Sie, die Situation zu klären.

Arbeitsanweisung Rollenspieler 2:

Sie sind Artur Schneider, verheiratet und haben zwei kleine Kinder. Mit ihrer Familie wohnen Sie in der Nähe von Kassel. Da der Firmensitz Ihres Arbeitgebers in Mannheim ist und Sie außerdem im Außendienst tätig sind, sehen Sie ihre Familie meistens nur am Wochenende.

Vor einigen Wochen hatte Ihre Frau einen Verkehrsunfall erlitten. Deshalb benötigt sie verstärkt ihre Unterstützung. Da Sie keinen Urlaub mehr haben, richteten Sie Ihre Touren so ein, dass Sie abends nach Kassel kommen konnten. Zwangsläufig haben Sie deshalb die Kunden im südhessischen Raum und in Thüringen stark vernachlässigt.

Heute hat Ihr Chef, Herr Walter, Sie um ein persönliches Gespräch nach Mannheim gebeten. Sie ahnen, dass es um Ihr mangelndes berufliches Engagement in den letzten Wochen geht. Sie haben Herrn Walter schon von dem Unfall Ihrer Frau erzählt, aber Sie hatten den Eindruck, dass er für Ihre Probleme kein Verständnis hat. Ihr Verhältnis zu ihm ist sowieso eher distanziert und Sie befürchten, dass er Ihnen ernsthafte negative berufliche Konsequenzen ankündigen wird.

Problem und Lösungsansatz

Es ist ganz offensichtlich: Keine der beiden Seiten kann seine Position einseitig durchsetzen. Entweder verliert das Unternehmen einen normalerweise erfolgreichen Mitarbeiter oder der Mitarbeiter verliert seinen Job.

Kompromissfähigkeit ist hier gefragt. Beide Seiten müssen in dem Gespräch sowohl ihre eigene Position verdeutlichen als auch Verständnis für die Position Ihres Gegenübers aufbringen. Eine Lösung der misslichen Lage aber muss gefunden werden.

Wenn Sie Herr Walter sind: Vermeiden Sie es, zu viel Verständnis für die Situation Ihres Mitarbeiters zu zeigen. Dies würde zwar einen harmonischen Gesprächsverlauf fördern, aber nicht für Ihre Führungsqualitäten sprechen. Schlagen Sie z. B. vor, dass sich Herr Schneider bis zur Genesung seiner Frau ausschließlich um die Kundenbetreuung im nordhessischen Raum kümmert und ein Kollege derweil den Raum Südhessen und Thüringen übernimmt. Durch diesen Vorschlag wäre neben den Unternehmensinteressen auch den Interessen von Herrn Schneider Rechnung getragen.

Wenn Sie Herr Schneider sind: Vermeiden Sie es, zu sehr auf die Berücksichtigung Ihrer persönlichen Interessen zu drängen. Betonen Sie Ihr Interesse an einer zufriedenstellenden Erledigung Ihrer beruflichen Aufgaben. Schlagen Sie z. B. vor, dass alle betroffenen Kunden von diesem Notfall informiert werden und Sie den wichtigsten Betreuungsbedarf mitteilen, den dann ein Kollege abdecken kann. Nach der Genesung Ihrer Frau wären Sie bereit dafür in einer anderen Region ebenfalls unbezahlte Hilfestellung zu leisten.

Doch bitte beachten Sie: Sie können sich nicht durch gezieltes Training auf ein Rollenspiel vorbereiten. Dafür sind die Aufgabenstellungen und auch die geforderten Verhaltensweisen zu vielfältig. Ebenso ist die Beurteilung Ihrer sozialen Kompetenzen von der jeweiligen Firmenkultur abhängig: Es ist durchaus denkbar, dass ein Unternehmen mehr Wert auf kooperativen Führungsstil legt, während ein anderes einen eher autoritären Führungsstil erwartet.

Präsentationen und Fallstudien

Was müssen Sie präsentieren?

Fast in jedem Assessment Center werden Sie es mit einer Präsentation zu tun bekommen. Dabei sind die Themen und Formen so vielfältig wie die Stellen, um die es geht.

Beispiele für Präsentationen können sein:

- Präsentationen der eigenen Person (oft zu Beginn oder als Einstieg ins Interview, s. S. 60)
- Präsentationen eines anderen Teilnehmers (meist in einer Vorstellungsrunde)
- Verkaufspräsentationen
- Branchen- und unternehmensspezifische Präsentationen
- Präsentationen, die als Hausaufgabe vorbereitet und mitgebracht werden müssen

Diese Präsentationen können auf formell unterschiedliche Art und Weise vorgebracht werden müssen:

- konzeptionell-strategische Präsentationen
- Fallstudien mit anschließender Präsentation
- Präsentationen mit und ohne Diskussion mit den Zuhörern
- Präsentationen nur vor den Beobachtern oder auch vor anderen Teilnehmern

- Präsentationen mit Hilfe von Flipchart, Pinnwand, Overhead-Projektor oder Computer/Beamer

Trotz der Vielzahl an Kombinationsmöglichkeiten zwischen inhaltlicher und formeller Gestaltung gibt es einige Merkmale, auf die Sie sich einstellen können.

Wie läuft eine Präsentation ab?

Üblicherweise bekommt der Teilnehmer eine schriftliche Aufgabenstellung, eine gewisse Vorbereitungszeit sowie das notwendige Arbeitsmaterial. Ausnahme sind Präsentationen, die als Hausaufgabe mitgebracht werden sollen. Die Vorbereitungszeit schwankt in der Regel zwischen 15 und 45 Minuten, gelegentlich ist sie auch länger, abhängig davon, wie aufwändig die Gestaltung der Präsentation sein soll.

Die eigentliche Präsentation kann zwischen fünf und 30 Minuten dauern. In der Regel liegt sie bei 15 Minuten, für mehr ist während eines Assessment Centers keine Zeit.

Die Beobachter setzen sich üblicherweise unmittelbar nach der Präsentation zusammen, um ihre Beurteilung vorzunehmen – dann sind die Eindrücke noch frisch.

Worauf müssen Sie bei der Präsentation achten?

Worauf achten die Beobachter und woran sollten Sie bei der Vorbereitung und Durchführung einer Präsentation denken?

Die Beobachter interessieren sich während Ihrer Präsentation vor allem für zwei Aspekte:

1 den inhaltlichen Gehalt und

2 Ihre Präsentationsfähigkeit.

Um den inhaltlichen Gehalt zu testen, beantworten die Beobachter die folgenden Fragen:

- Ist Ihre Argumentation plausibel?
- Ist sie in sich logisch?
- Ist ein roter Faden erkennbar?
- Ist sie pragmatisch, d. h. ist das Vorgeschlagene auch umsetzbar, der Nutzen erkennbar?

Bei den Präsentationsfähigkeiten interessiert die Beobachter zunächst das Ausdrucksvermögen:

- Sprechen Sie laut, klar, deutlich und flüssig?
- Ist Ihre Wortwahl den Zuhörern angepasst, d. h. nicht zu einfach, nicht zu anspruchsvoll?
- Ist Ihr Vortrag anschaulich und bringen Sie Beispiele?

Sodann wird Ihr Auftreten gewertet:

- Sind Sie ruhig und gelassen oder bewegen Sie sich hektisch hin und her?
- Zeigen Sie Nervosität, z. B. durch Schweißausbrüche, Gesichtsflecken oder eine brüchige Stimme?
- Agieren Sie souverän oder lahm, lebendig oder einschläfernd?

Weiterhin wird auf Ihre Stabilität geachtet:

- Wie gehen Sie mit Fragen und Einwänden um, bleiben Sie gelassen oder lassen Sie sich aus dem Konzept bringen?
- Können Sie improvisieren und neue Antworten entwickeln?
- Können Sie freundlich Kontra geben, wie verteidigen Sie Ihre Position?

Berücksichtigen Sie auch die Struktur und den Aufbau Ihrer Präsentation. Dazu helfen Ihnen folgende Fragen:

- Hat Ihre Präsentation eine klare Gliederung?
- Wird diese am Anfang vorgestellt?
- Wird sich auch an die Gliederung gehalten?
- Wird die zur Verfügung stehende Zeit ausgenutzt und eingehalten?
- Gibt es am Ende eine Zusammenfassung der wichtigsten Punkte?

Die Beobachter achten auch auf die optische Aufbereitung Ihrer Präsentation:

- Sind die verwendeten Medien klar strukturiert?
- Ist die Präsentation übersichtlich, gut lesbar, eventuell farblich und mit Bildmaterial aufgelockert?

Eine wichtige Rolle spielt auch die Kreativität der von Ihnen vorgeschlagenen Lösungen:

- Ist Ihre Vorgehensweise originell oder nur Standard?
- Können Sie über den Tellerrand hinausschauen und auch neue Perspektiven einnehmen?
- Ist die Darstellung ungewöhnlich?
- Können Sie in der Diskussionen neue Ideen/Lösungen entwickeln?

Letztlich zählt bei einer Präsentation, ob Ihre Zuhörer Ihren Standpunkt und Ihre Vorgehensweise glaubwürdig fanden. Ihre Überzeugungskraft ist gefragt. Wenn Sie in der Präsentation überzeugen können, nehmen die Beobachter an, dass Sie das auch in anderen Situationen können. Das betrifft sowohl die inhaltliche Seite Ihrer Präsentation als auch Ihr Auftreten.

Wie können Sie sich auf die Präsentation vorbereiten?

Am besten ist es natürlich, wenn Sie vorher bereits Präsentationen gehalten haben, Sie also ein wenig Routine mit in das Assessment Center bringen. Dabei ist es sehr hilfreich, sich von den Zuhörern ein offenes und direktes Feedback geben zu lassen, da man selbst als Vortragender die kritischen Punkte nur bedingt einschätzen kann. Die Zuhörer sind schließlich die Kunden und entscheiden darüber, ob ihre Bedürfnisse erfüllt worden sind oder nicht.

Versuchen Sie sich bei der Vorbereitung der Präsentation in die Zuhörer hineinzuversetzen, zu überlegen, was diese am meisten interessiert. Das können Sie etwa zu Beginn einfach erfragen – wie es sich generell empfiehlt, während einer Präsentation den Dialog mit den Zuhörern zu suchen. Zum einen kann man dadurch noch besser auf bestehende Interessen eingehen, zum anderen lockert der Dialog die Situation auf, macht den Vortrag lebendiger. Außerdem: Wer fragt, führt!

Viele weitere Tipps hierzu finden Sie im TaschenGuide Nr. 8 „Präsentieren".

> Eine Präsentation soll inhaltlich überzeugen und das Interesse der Zuhörer fesseln. Es muss kein Monolog sein – Fragen und direktes Ansprechen der Zuhörer sind durchaus erlaubt!

Im Folgenden finden Sie ein Beispiel, wie eine solche Präsentationsübung in Verbindung mit einer Fallstudie aussehen könnte.

Beispiel: EDV im Versicherungsaußendienst

Instruktion für den Teilnehmer

- Das Unternehmen
  Die ABV Versicherung ist eine mittelgroße Versicherung, Tochter eines europäischen Versicherungskonzerns, seit 1958 in Deutschland am Markt und wurde 1984 von der jetzigen Muttergesellschaft übernommen. Das Unternehmen ist sowohl in der Sach- als auch der Lebensversicherung tätig. Im letzten Geschäftsjahr betrugen die Prämieneinnahmen 2,3 Mrd. Euro, 70 % davon kommen aus der Lebensversicherung. Die 860 Mitarbeiter sind auf zwei Standorte verteilt, 120 Mitarbeiter arbeiten im angestellten Außendienst.

- Die Ausgangssituation
  Nach Jahren moderaten, aber kontinuierlichen Wachstums sieht sich die ABV zunehmender Konkurrenz von ausländischen Anbietern, aber auch von lokalen Direktversicherern, ausgesetzt. Hinzu kommt, dass die bisherige Zielgruppe der gehobenen Mittelschicht immer preisbewusster wird und die Kundenbindung nachlässt.
  Um in diesem neuen Wettbewerbumfeld bestehen zu können, hat der ABV-Vorstand beschlossen, die Kostenstrukturen zu verbessern und die Flexibilität, die Schnelligkeit und die Produktpalette zu vergrößern. Außerdem soll die Servicequalität gesteigert werden.
  Im Rahmen von verschiedenen Projekten, die der Erreichung dieser Ziele dienen sollen, ist auch daran gedacht, den Außendienst mit Notebooks auszustatten. Ziel ist es Angebote und die Policierung schon vor Ort beim Kunden machen zu können.

- Ihre Aufgabe
  In dieser Situation hat der Vorstand der ABV Ihr Beratungsunternehmen COMTEC neben zwei anderen zu einem Angebot für dieses Projekt aufgefordert. Nachdem schon einige Vorgespräche stattgefunden haben, sollen Sie als voraussichtlicher Projektleiter heute vor dem Vorstand und der EDV-Leitung eine erste Präsentation halten.

Dabei wurde im Vorfeld vereinbart, dass Sie auf folgende Fragen eingehen sollen:

1 Welche Informationen brauchen Sie noch von der ABV, um ein grobes Konzept zu entwickeln?

2 Wie würde ein erster grober Projektplan mit den zehn wichtigsten Schritten aussehen?

3 Wie sollte die Projektorganisation aussehen?

4 Welche grundsätzlichen technischen Lösungen gibt es für die Ausstattung des Außendienstes mit Computern?

5 Was muss bei der Einführung bezüglich der Mitarbeiter beachtet werden?

6 Warum ist die COMTEC für diesen Auftrag qualifiziert?

Zur Vorbereitung der Präsentation haben Sie 45 Minuten Zeit. Für die Präsentation sollten Sie maximal 6 Overheadfolien vorbereiten. Inklusive möglicher Fragen der Zuhörer sollte die Präsentation nicht länger als 15 Minuten dauern, konzentrieren Sie sich daher auf die wesentlichen Punkte.

Checkliste: Präsentation – worauf ist zu achten?

- Gehen Sie die Sache ruhig und gelassen an.
- Sprechen Sie laut, klar, deutlich und flüssig.
- Passen Sie Ihre Wortwahl den Zuhörern an.
- Machen Sie Ihren Vortrag lebendig, achten Sie auf
- Anschaulichkeit, bringen Sie Beispiele.
- Geben Sie Ihrer Präsentation eine klare Gliederung, die Sie am Anfang kurz umreißen.
- Halten Sie sich an die Gliederung.
- Ist die Argumentation plausibel, in sich logisch, ist ein roter Faden erkennbar?
- Ist der praktische Nutzen erkennbar?
- Ist die Präsentation übersichtlich, gut lesbar, eventuell farblich und mit Bildmaterial aufgelockert?
- Sind die verwendeten Medien klar strukturiert?
- Ist Ihre Vorgehensweise originell oder nur Standard?
- Trauen Sie sich ruhig über den Tellerrand zu sehen und ungewöhnliche Perspektiven einzunehmen!
- Gehen Sie mit Fragen und Einwänden gelassen um, geben Sie sich in der Diskussion freundlich.
- Können Sie in der Diskussionen neue Ideen/Lösungen entwickeln?
- Achten Sie auf den Zeitrahmen.
- Fassen Sie am Ende die wichtigsten Punkte zusammen.

Computersimulationen

Immer häufiger werden im Assessment Center die unterschiedlichsten computerunterstützten Verfahren eingesetzt. Im Wesentlichen unterscheiden sie sich darin, dass sie entweder bekannte Übungen auf ein neues Medium „übersetzen" oder aber erst durch die Computertechnologie möglich geworden sind.

Dabei brauchen Sie aber selbst als unerfahrener Computerbenutzer keine Angst zu haben. In der Regel ist die Bedienung sehr einfach gestaltet, so dass Sie nur etwas anklicken oder ein paar Zahlen oder Buchstaben eingeben müssen. Außerdem wird der eigentlichen Aufgabenbearbeitung eine intensive Probephase vorangestellt, so dass sichergestellt ist, dass alle Teilnehmer ausreichend mit der Handhabung vertraut sind um die eigentlichen Aufgaben bearbeiten zu können.

Alte Verfahren auf neuem Medium

Zu den am häufigsten für den Computer umgeschriebenen Verfahren zählen die Tests, und zwar alle Arten, die im Kapitel „Vom Leistungs- bis zum Persönlichkeitstest" beschrieben worden sind (S. 73). Dies ist technisch vergleichsweise einfach und hat für die Unternehmen verschiedene, teils ganz pragmatische Vorteile:

- Man muss nicht mehr so viel Papier bereithalten.
- Die Auswertung geht in der Regel schneller.

- Die Qualitätskontrolle wird deutlich erleichtert.
- Die Unternehmen können, wenn sie wollen, Verlaufsprotokolle während des Tests mitlaufen lassen und diese ebenfalls zur Diagnose nutzen.

Für den Kandidaten liegen die Vorteile in einer attraktiveren Oberfläche und einer einfachen Bedienung.

Seit einigen Jahren gibt es auch die Postkorb-Übung in verschiedenen Varianten auf dem Computer. Neben den oben genannten Vorteilen hat diese Umschreibung für den Computergebrauch aber auch Nachteile. So sind bei den meisten Versionen die Antwortmöglichkeiten vorgegeben, Ihre Auswahlmöglichkeiten sind also begrenzt.

Im Unterschied zur Papierversion werden in den computerunterstützten Postkörben mehr Störungen, aber auch mehr unterstützendes Material, wie z. B. Organigramme oder Hintergrundinformationen zu den beteiligten Personen, eingebaut. Außerdem ist es für die Beurteiler leichter nachzuvollziehen, wann der Kandidat welchen Vorgang bearbeitet und wie lange er dafür gebraucht hat.

Neue Verfahren

Inzwischen gibt es eine Vielzahl von Verfahren, die die technischen Möglichkeiten des Computers nutzen, um neue Typen von Aufgaben durchzuführen.

Eine neue Entwicklung beim Einsatz von Tests ist z. B. das so genannte „adaptive Testen". Dabei stellt sich der Computer auf die Leistungsstärke des Kandidaten ein und bringt – je nach Verlauf der ersten Aufgaben – mal einfachere, mal schwierigere Aufgaben. Dies gilt allerdings nur für Leistungstests, nicht für Persönlichkeitstests.

Neue Arten von Persönlichkeitstests sind die so genannten „objektiven Persönlichkeitstests". Hier wird eine Eigenschaft wie z. B. Leistungsmotivation nicht mehr durch Selbstaussagen, sondern zusätzlich durch objektive Beobachtungen gemessen.

Beispiel

 Während einer Aufgabe können Sie bei jedem Durchgang das Anspruchsniveau wählen. Was möchten Sie erreichen, was trauen Sie sich zu? Am Ende werden Ihre Vorgaben mit den tatsächlich erreichten Ergebnissen verglichen.

Eine weitere Neuentwicklung sind Persönlichkeitstests, in denen eine Antwort verschiedenen Kriterien mit unterschiedlicher Gewichtung zugeordnet wird.

Beispiel

 Dominanz kann im Alltag in manchen Situationen positiv wirken, in anderen jedoch negativ. Neue Computerprogramme ermöglichen es, diese Komplexität abzubilden und schnell auszuwerten.

Was erwartet Sie bei Simulationen?

Während die oben beschriebenen Verfahren noch den herkömmlichen ähnlich sind, gibt es auch Entwicklungen, die erst durch den Computer möglich geworden sind. Dazu gehören vor allem die Computersimulationen.

Hier geht es darum, ein komplexes System, z. B. ein Unternehmen, mit Hilfe verschiedener Einflussmöglichkeiten zu steuern. Dabei sind die Zusammenhänge zwischen verschiedenen Einflussfaktoren nicht erkennbar oder nur indirekt erschließbar.

Mit derartigen Simulationen sollen im Wesentlichen folgende Fähigkeiten getestet werden:

- Flexibilität: Wie gut können Sie mit komplexen Systemen umgehen (im Gegensatz zu Tests und anderen Aufgaben, die meist linear oder eindimensional sind)?

- Entscheidungsstile: Wie risikobereit sind Sie, wie schnell treffen Sie Entscheidungen, wie weit sichern Sie Entscheidungen durch Informationssuche ab, wie weit beziehen Sie andere in Ihre Entscheidungen mit ein, wie gehen Sie mit Krisen um usw.?

- Analytische Fähigkeiten: Sie müssen eine Vielzahl von Variablen auf einmal im Blickfeld behalten. Die Zusammenhänge zwischen diesen Variablen sind selten offensichtlich. Deshalb kommt es sehr stark auf Ihre analytischen Fähigkeiten an. Sie müssen erkennen, welche die wichtigsten Faktoren sind, wie diese miteinander verknüpft sind und welche zeitlichen Entwicklungen berücksichtigt werden müssen.

Die Dauer, die Komplexität und die Realitätsnähe von Computersimulationen können sehr unterschiedlich sein.

Die neueren Verfahren haben z. T. mehrere Tausend Variablen und dauern in der Durchführung mehrere Stunden. Sie spielen meist in einem fiktiven Unternehmen, beispielsweise einem Hotel oder einer Ölhandelsfirma. Obwohl sie im betriebswirtschaftlichem Umfeld spielen, sind sie auch für Nicht-Wirtschaftswissenschaftler lösbar. Es geht hier eher um das Erkennen komplexer Zusammenhänge.

Neu ist es, soziale Kompetenz am Computer zu testen. Mit Video- und Audiounterstützung bewegen sich diese Programme verhältnismäßig nah an der Realität.

Beispiel

 Beim Verfahren „ISIS" (Interaktives System zur Identifikation sozialer Kompetenzen) müssen Sie das Teamverhalten in einem Unternehmensszenario beurteilen. Gleichzeitig sind verschiedene Führungssituationen zu analysieren, eine Einschätzung der Tätigkeit von Kollegen vorzunehmen und anderes mehr.

ISIS dauert 75 bis 120 Minuten und erfasst sechs verschiedene Bereiche sozialer Kompetenz:

1 Soziale Wahrnehmung

2 Aktive Rolle

3 Teamkompetenzen

4 Beziehungsmanagement

5 Konflikt- und Kritikfähigkeit

6 Führungskompetenzen

Dies geschieht z. B. dadurch, dass bestimmte Situationen in einem Unternehmensalltag dargestellt werden und Sie als Beobachter

z. B. entscheiden müssen, wie ein Verhalten gewirkt hat ("Was hat er mit dieser Äußerung wahrscheinlich gemeint?" als Hinweis auf Einfühlungsvermögen) oder ob ein Verhalten adäquat war (z. B. in Führungssituationen). Dazu werden kurze Fallschilderungen, Audio- und Videosequenzen am Bildschirm dargestellt, so dass Sie tatsächliches Verhalten in seiner Mehrdimensionalität beobachten und beurteilen können. Dies ist ein wesentlicher Vorteil gegenüber Papier gestützten Tests.

Vor- und Nachteile der Simulationen

Allen Computer unterstützten Verfahren ist gemeinsam, dass es zu Beginn eine Lernphase gibt. So können Sie sich mit dem Gerät und der Aufgabe vertraut machen. In der Regel läuft auch am Bildschirm eine Uhr mit, so dass Sie jederzeit wissen, wie viel Zeit Ihnen noch zur Verfügung steht.

In vielen Unternehmenssimulationen ist auch eine kritische Periode eingebaut, in der die Zahlen des Unternehmens schlechter werden. Hier gilt es, die Nerven zu bewahren und zu überlegen, ob es nicht unkonventionelle Wege aus der Krise gibt.

So werden Sie bewertet

Beispiel: Gutachten

Hier sehen Sie ein Beispiel eines Gutachtens, in dem erkennbar ist, wie sorgfältig auf die einzelnen Punkte eingegangen wird:

Gutachten	Bewerber-Nr.:	
	Name:	
	Alter:	
	Datum:	

Testergebnisse

Logisches Denken	
AN	Sprach-logisches Denken
ZR	Numerisch-logisches Denken
MA	Abstrakt-logisches Denken
Analytische Fähigkeiten	
TAB	Umgang mit komplexem Zahlenmaterial

Konzentrations-/Leistungsvermögen	
PR1	Antrieb/Flexibilität
PR2	Mentale Belastbarkeit
PR3	Konzentrationsvermögen

Soziale Fähigkeiten

Verkaufsgespräch	
Aufbau/Gliederung	
Beziehungsaufbau/ Einfühlungsvermögen	
Durchsetzungsvermögen	
Persönliche Kompetenz	

Fallstudie	
Analytische Fähigkeiten	
Aufbau/Gliederung	
Logik/Schlussfolgern	
Überzeugungskraft	

Gruppendiskussion	1	2
Ausdrucksvermögen		
Selbstvertrauen		
Teamfähigkeit		
Kritisches Denken		
Beharrlichkeit/Einsatz		
Durchsetzung/Leadership		
Gesamtrating		

Präsentation		
Präsentationsaufbau		
Rhetorik		
Belastbarkeit/Ausdauer/Stressresistenz		
Persönliche Kompetenz		

Skala 1-9: schwach durchschnittlich hervorragend
1 2 3 4 5 6 7 8 9

Wie erfolgt die Benotung?

Die Beobachter beurteilen Ihre Leistung in jeder Übung. Bei
den schriftlichen Tests oder bei der Postkorb-Übung ist dies
einfach: Ihre richtigen Antworten werden zusammengezählt.
Bei den Übungen, in denen Sie reden müssen, werden Sie von
wenigstens zwei Beobachtern eingeschätzt.

Für jede Übung tragen die Beobachter auf dem Auswertungsbogen eine Note ein, beispielsweise auf einer Skala von
1 bis 9. Oft notieren sie sich auf dem Auswertungsbogen aber
auch zusätzlich einige persönliche Bemerkungen über Ihr
Verhalten.

Nach jeder Übung kommen die Beobachter zusammen und
erstellen eine Bewertung für Sie. In der Regel bemühen sie
sich darum, einen Konsens zu finden. Das kann der Durchschnitt aus den einzelnen Noten der Beobachter sein, muss
es aber nicht.

So kommt das Gesamturteil zustande

Am Ende des Assessment Centers entscheiden die Beobachter, ob Sie das Anforderungsprofil in ausreichendem Maße
erfüllen oder ob es zu viele Abweichungen gibt.

Charakteristisch für ein Assessment Center ist, dass die Beobachter über das Gesamturteil gemeinsam entscheiden. Die Gesamtbewertung ist jedoch nicht einfach der Durchschnitt aus den Resultaten der einzelnen Übungen. Dafür werden die Einzelresultate gewichtet. Diese Gewichtungen hängen von den Präferenzen ab, die die Beobachter der zu besetzenden Position oder dem entsprechendem Bereich zuordnen.

Wenn Sie etwa im DV-Bereich einen Job haben wollen, dann sind Ihre Resultate aus den Leistungstests besonders wichtig. Wenn Sie im Marketingbereich beginnen wollen, haben Ihre Resultate aus den Argumentationsübungen besonderes Gewicht.

> Ein Assessment Center entscheidet darüber, inwiefern Sie dem Anforderungsprofil eines Unternehmens entsprechen. Es sagt aber nichts über Ihre Fähigkeiten und Qualitäten, geschweige denn über Ihre gesamte Persönlichkeit aus.

Werten Sie jedes Assessment Center aus

Sowohl nach dem bestandenen als auch nach dem nicht bestandenen Assessment Center: Nehmen Sie eine gründliche Auswertung vor! Sie profitieren in jedem Fall von einem Assessment Center, denn eine so gründliche und systematische Bewertung Ihrer Leistungen erhalten Sie im Berufsalltag wahrscheinlich nicht mehr so schnell.

Bestanden!

Die Beobachter teilen Ihnen mit, dass Sie das Assessment Center bestanden haben und ein Vertragsangebot erhalten werden! Sie jubeln innerlich. Ein Stein fällt Ihnen vom Herzen. Die Details der Auswertung interessieren Sie gar nicht mehr. Das war es!

Nein, das war es nicht!

Zwar haben Sie bestanden, aber die Beobachter werden Ihnen auch sagen, wo Sie Schwächen hatten, was es gilt, zukünftig zu verbessern. In den nächsten Monaten werden Sie kaum noch einmal eine Gelegenheit erhalten, so detailliert Ihre Stärken und Schwächen widergespiegelt zu bekommen.

Nicht bestanden – was nun?

Die Beobachter teilen Ihnen mit, dass Sie das Assessment Center nicht bestanden haben! Enttäuschung breitet sich in Ihnen aus. Es ist, als ob Sie in ein Loch fallen. Versuchen Sie unbedingt sich zu beherrschen und der detaillierten Auswertung genau zuzuhören. Ein nicht bestandenes Assessment Center ist kein Unglück für Sie!

Vielleicht war das Unternehmen oder der zukünftige Aufgabenbereich sowieso nicht das Richtige für Sie. Vielleicht waren Sie auch zu nervös oder zu ängstlich. Vielleicht waren auch die Teilnehmer oder sogar die Beobachter ungünstig zusammengesetzt. Beim zweiten Assessment Center kann das alles ganz anders werden.

> Wenn Sie das nicht bestandene Assessment Center für sich selbst gründlich auswerten, dann ist dies bereits ein guter Anfang für die optimale Vorbereitung auf das nächste Assessment Center.

Wie können Sie vorgehen?

Eine derartige Auswertung sollte nicht nur in Ihrem Kopf stattfinden. Das, was Sie schwarz auf weiß vor sich haben, können Sie immer wieder nachlesen und sich damit in Erinnerung bringen.

Legen Sie sich am besten für jedes Modul des Assessment Centers eine Tabelle an, die aus zwei Unterteilungen besteht: Stärken und Schwächen. Dann tragen Sie für jedes Modul die entsprechenden Hinweise ein.

Arbeitsblatt: Stärken-/Schwächenanalyse

Assessment Center am ....

Modul	Schwächen	Stärken
Leistungstests		
Vorstellung		
Rollenspiel		
Präsentation/ Fallstudie		
Gruppendiskussion		
Weitere		

Beispiele

Modul „Vorstellung"

Stärken: prägnante und klare Wiedergabe der bisherigen Entwicklung, vorgegebene Zeit eingehalten, gut auf Fragen reagiert.

Schwächen: zu schnell gesprochen, am Flipchart undeutlich gezeichnet, am Ende den roten Faden etwas aus dem Auge verloren.

Modul „Gruppendiskussion":

Stärken: sich an wichtigen Stellen der Diskussion in diese aktiv eingebracht, Reaktion des Teams berücksichtigt, der Diskussion ein eigenes Profil gegeben, überzeugend argumentiert.

Schwächen: am Ende das Ziel der Diskussion aus den Augen verloren, nicht mehr konzentriert genug, sich vom Schwung der Auseinandersetzung mitreißen lassen, nicht immer kritisch genug auf andere Argumente eingegangen.

Anhang

Weiterführende Literatur

Sie haben nicht die Absicht, ein wissenschaftlicher Experte für Assessment Center zu werden. Sie möchten sich aber einen raschen Überblick verschaffen, welche Literatur Ihnen für die Vorbereitung auf ein Assessment Center außer diesem TaschenGuide noch nützlich sein könnte.

Einen Überblick bieten:
Werner Sarges: „Weiterentwicklung der Assessment Center-Methode", Göttingen 2001.

Christof Obermann: „Assessment Center. Entwicklung, Durchführung, Trends", Stuttgart 2006.

Armin Gloor: „Die AC-Methode", Zürich 2002.

Literatur zu Fallstudien

Ernst Trossmann u.a.: Management-Fallstudien im Controlling, München 2003.

Joachim Zentes/Bernhard Swoboda: Fallstudien zum internationalen Management. Wiesbaden 2004.

Nützliche Internet-Adressen

Verbände

Es gibt über viertausend Verbände in Deutschland. Den umfassendsten Überblick liefert das „Handbuch der Verbände" aus dem Hoppenstedt Verlag. Auf den Internetseiten der Verbände finden sich nützliche Informationen zur Vorbereitung auf ein Assessment Center. Entsprechend der Branchenzugehörigkeit des Unternehmens, welches das Assessment Center veranstaltet, kann dann auch der konkrete Verband ausgewählt werden. Eine Zusammenstellung der Verbände findet sich unter der Internetadresse:

Deutsches Verbände Forum: http://www.verbaende.com

Managementschulen

In Deutschland sind in den letzten Jahren etliche Privathochschulen entstanden, an denen ein MBA abgelegt werden kann. Diese Hochschulen arbeiten intensiv mit Fallstudien und auch mit anderen Modulen, die in Assessment Center verwendet werden. Diese verfügen jedoch noch über kein internationales Renommee. Die bekannteste internationale MBA-Schule in Europa ist die Insead bei Paris. Die Insead ist mit der privaten Handelshochschule in Leipzig verbunden. Sie unterhält dort ein Managementzentrum:

– Insead: www.insead.edu

– Handelshochschule Leipzig: www.hhl.de

Andere sehr anerkannte Hochschulen sind:

– IMD in Lausanne: www.imd.ch

– Rotterdam School of Management: www.rsm.nl

– London Business School: www.london.edu

Stichwortverzeichnis

Bibliografische Information der deutschen Nationalbibliothek

Die Deutsche Nationalbibliothek verzeichnet diese Publikation in der Deutschen
Nationalbibliografie; detaillierte bibliografische Daten sind im Internet über
http://dnb.d-nb.de abrufbar.

ISBN 978-3-448-08637-9
Bestell Nr. 00651-0005

5., durchgesehene Auflage 2011

© 2011, Haufe-Lexware GmbH & Co. KG, Munzinger Str. 9, 79111 Freiburg
Redaktionsanschrift: Fraunhoferstraße 5, 82152 Planegg
Fon (0 89) 8 95 17-0, Fax (0 89) 8 95 17-2 50
E-Mail: online@haufe.de
Lektorat: Ulrike Wagner, Dr. Ilonka Kunow
Redaktion: Jürgen Fischer
Redaktionsassistenz: Christine Rüber

DTP: Agentur: Satz & Zeichen, Karin Lochmann, 83071 Stephanskirchen
Umschlaggestaltung: Simone Kienle, 70178 Stuttgart
Umschlagentwurf: Agentur Buttgereit & Heidenreich, 45721 Haltern am See
Bild Umschlag: Mauritius/AGE
Cartoons: BAASKE CARTOONS, 79379 Müllheim: Hennes, Oswald Huber (2),
Kurt Reimann, Wilhelm Zeitlmeir
Druck: freiburger graphische betriebe, 79108 Freiburg

Zur Herstellung der Bücher wird nur alterungsbeständiges Papier verwendet.

Die Autoren

Dr. Klaus Leciejewski ist Partner der KDL-Consulting in Köln. Er publiziert umfangreich zu Managementthemen, insbesondere zum Headhunting (www.kdl-consulting.de)

Christof Fertsch–Röver ist Partner bei Dr. Sourisseaux, Lüdemann & Partner, Darmstadt. Nach dem Studium der Psychologie seit vielen Jahren in der Human Resources Beratung für renommierte Unternehmen tätig. Schwerpunkte: Eignungsdiagnostik, Personalentwicklung und Management von Veränderungsprozessen in Unternehmen.
www.slp-wirtschaftspsychologen.de;
E-Mail: cfertschroever@t-online.de

Weitere Literatur

„Einstellungstests sicher bestehen" von Doris und Frank Brenner, 296 Seiten. Haufe, € 14,95, ISBN 978-3-448-10079-2, Bestell-Nr. 04242

„Testbuch Assessment Center" von Jasmin und Christoph Hagmann, 144 Seiten. Haufe, € 16,80, ISBN 978-3-448-09504-3, Bestell-Nr. 04299

„Testbuch Vorstellungsgespräche" von Claus Peter Müller-Thurau, 152 Seiten. Haufe, € 16,80, ISBN 978-3-448-09292-9, Bestell-Nr. 04336

Haufe TaschenGuides
Kompakte Informationen zum kleinen Preis

Der Betrieb in Zahlen

- ABC des Finanz- und Rechnungswesens
- 400 Mini-Jobs
- Balanced Scorecard
- Betriebswirtschaftliche Formeln
- Bilanzen
- BilMoG
- Buchführung
- Businessplan
- BWL Grundwissen
- BWL kompakt
- Controllinginstrumente
- Deckungsbeitragsrechnung
- Einnahmen-Überschussrechnung
- Finanz- und Liquiditätsplanung
- Formelsammlung Betriebswirtschaft
- Formelsammlung Wirtschaftsmathematik
- Die GmbH
- IFRS
- Kaufmännisches Rechnen
- Kennzahlen
- Kontieren und buchen
- Kostenrechnung
- Statistik
- VWL Grundwissen

Mitarbeiter führen

- Besprechungen
- Checkbuch für Führungskräfte
- Führungstechniken
- Die häufigsten Managementfehler
- Management
- Managementbegriffe
- Mitarbeitergespräche
- Moderation
- Motivation
- Projektmanagement
- Qualitätsmanagement
- Spiele für Workshops und Seminare
- Teams führen
- Workshops
- Zielvereinbarungen und Jahresgespräche

Karriere

- Assessment Center
- Existenzgründung
- Gründungszuschuss
- Jobsuche und Bewerbung
- Vorstellungsgespräche

Geld und Specials

- Sichere Altersvorsorge
- Energie sparen im Haushalt
- Energieausweis
- Geldanlage von A–Z
- Immobilien erwerben
- Immobilienfinanzierung
- Meine Ansprüche als Rentner
- Die neue Rechtschreibung
- Eher in Rente
- Web 2.0
- Zitate für Beruf und Karriere
- Zitate für besondere Anlässe

Persönliche Fähigkeiten

- Allgemeinwissen Schnelltest
- Ihre Ausstrahlung
- Burnout
- Business-Knigge
- Mit Druck richtig umgehen